Le Best of des découvertures scientifiques les plus loufoques

DANS LA MÊME COLLECTION

Guide du Ciel, Librio n° 898

À la recherche du boson de Higgs, Librio n° 1045

Les Lois essentielles de la physique, Librio n° 1065

Les Secrets de la matière, Librio n° 1138

Questions de maths utiles, Librio n° 1175

Les Secrets du ciel, Librio n° 1176

L'Univers en 40 questions, Librio n° 1196

50 histoires d'animaux pour comprendre Darwin, Librio n° 1198

25 drôles d'anecdotes scientifiques, Librio n° 1234

Merveilles de l'univers, 15 observations scientifiques insolites, Librio n° 1284

Y a-t-il du wifi dans l'espace ? Et autres questions auxquelles seul un astronaute peut répondre, Librio n° 1287

La Chimie au quotidien, Librio n° 1288

Les Maths au quotidien, Librio n° 1289

Aleksandra Kroh et
Madeleine Veyssié

Le Best of des découvertes scientifiques les plus loufoques

Librio

Sommaire

Prélude

En toute modestie, ce livre aborde un problème de la plus haute importance qui est la perception de la science dans les sociétés modernes. Leurs citoyens profitent largement du confort quotidien que la science leur apporte, mais ils sont étonnamment nombreux à se laisser convaincre par ses détracteurs qui l'accusent d'être sclérosée, viscéralement attachée à ses dogmes et récalcitrante aux grandes idées novatrices. Pis encore, il n'est pas rare qu'ils succombent aux superstitions moyenâgeuses, aux révélations rocambolesques, voire à la spiritualité New Age. Il est vrai que si la science fascine, elle inspire également la crainte et la méfiance, puisqu'on la soupçonne de se précipiter, à l'occasion, sur les hypothèses les plus folles sans se préoccuper de leurs dangereuses conséquences.

De même, les scientifiques n'ont pas toujours bonne presse. Pour les uns, ils seraient des gamins immatures ne songeant qu'à s'amuser, gaspillant les deniers publics pour des calculs stériles ou des expériences dangereuses. Pour les autres, ils travailleraient pour le compte de lobbies divers et variés, et ils pourraient même être impliqués dans des complots ourdis par les gouvernements et les services secrets !

Comment défendre la réputation de la science et de ses serviteurs ? Sachant que les arguments rationnels n'y suffisent pas, nous avons pris le parti d'utiliser pour ce faire un échantillon de découvertes extravagantes qui ont été récompensées par un prix parodique, l'Ig-Nobel – une sorte d'anti-Nobel. Depuis un quart de siècle, un organisme original, les *Annales de l'improbable recherche*, en décerne en effet dix chaque année, avec l'ambition de « faire rire d'abord, réfléchir ensuite ». Ces prix récompensent des découvertes dans les domaines les plus variés et parfois totalement inattendus, si bien qu'on y trouve tout et n'importe quoi : des impostures, des trouvailles aberrantes, des petites contributions honnêtes, des avancées majeures et, parfois, de véritables feux d'artifice. Ce sont ces prix-là qui ont inspiré ce livre. Nous allons nous en servir pour illustrer la démarche des chercheurs, la marque de leur personnalité, le rôle de l'environnement, des phénomènes de mode et de la demande du public, avec ses espoirs, ses angoisses et ses phantasmes.

L'idée des Ig-Nobel est née dans le cerveau d'un amuseur hors pair, Marc Abrahams, créateur et chef des *Annales de l'improbable recherche* ou AIR pour les intimes. Il faut l'applaudir pour avoir conçu une approche à la fois paradoxale et résolument moderne : appâter le public en ramenant le problème au niveau d'une farce, rendre la recherche et les chercheurs séduisants en les « peopolisant ».

C'est en se moquant joyeusement et avec brio de sa Majesté la Science qu'Abrahams remporte un fulgurant succès médiatique. La cérémonie de la remise des prix se tient en octobre au Sanders Theater, sur le campus de l'université de Harvard, Massachusetts, lors d'un grand bêtisier scientifique, le gala Ig-Nobel. Les lauréats viennent à Harvard à leur frais, de très loin parfois, pour chercher leur prix qu'accompagne en guise de récompense un gros médaillon en béton qui se porte autour du cou. Lors du gala, ils disposent de trente secondes, et pas une de plus, pour présenter les fruits de leur travail. Ils se gaussent si bien de leur recherche et d'eux-mêmes qu'ils réussissent à faire hurler de rire le public. C'est pourtant un public exigeant, composé des étudiants de l'université de Harvard, de chercheurs, de journalistes scientifiques et non scientifiques, de stars du monde de spectacle et de toutes sortes de personnalités éminentes ou bizarres.

Nous avons sélectionné dix prix Ig-Nobel qui nous paraissent particulièrement instructifs. Un relève du bon vieux mythe des extraterrestres. Deux récompensent les exploits de guérisseurs mystiques. Un rappelle la tragicomique découverte de la mémoire de l'eau. Il y a aussi deux beaux prix de physique et trois plaisantes histoires d'économie. Et pour laisser le lecteur d'agréable humeur, nous terminerons par un prix pour la recherche consacrée à l'art et la beauté.

Voici donc une poignée de pacotilles et de diamants purs, puisée dans la sacoche de l'improbable recherche.

Les extraterrestres sont parmi nous

Les enlèvements extraterrestres se produisent 1

Si Mack et Jacobs venaient tous deux du milieu universitaire, s'ils se sont distingués en étudiant le phénomène des enlèvements par les extraterrestres, ils n'ont jamais travaillé ensemble et ils ont eu des idées divergentes sur la question. Leurs disciplines sont d'ailleurs différentes. David Jacobs fut historien, spécialiste de la culture populaire américaine du XXe siècle. Professeur à la faculté d'histoire de l'université Temple en Pennsylvanie, il y dispensa, pendant un quart de siècle, un cours sur le thème « Les ovnis dans la société américaine ». Car les ovnis étaient sa véritable passion, et cela depuis leur âge d'or, le milieu des années 1960, l'époque où près de la moitié des Américains croyait aux extraterrestres. Inutile de le dire, si les États-Unis battirent tous les records dans cette affaire, les ovnis visitèrent également d'autres pays, y compris la France où le pourcentage des convaincus atteignit tout de même, à un moment, un tiers de la population.

JOHN MACK et DAVID JACOBS, « en tant que visionnaires mentaux, pour l'affirmation courageuse que les gens qui croient avoir été enlevés par les extraterrestres disent probablement vrai, et plus particulièrement, pour la conclusion que le but de ces enlèvements est la fabrication d'enfants ».

John Mack fut psychiatre et professeur à l'École de médecine de l'université de Harvard en même temps qu'écrivain à succès : sa biographie de Lawrence d'Arabie reçut le prix Pulitzer 1977 et devint un énorme best-seller aux États-Unis et au Royaume-Uni. Contrairement à Jacobs, Mack n'était pas un ovniste de la première heure. C'est en tant que psychiatre explorant les rêves, les cauchemars et les pulsions suicidaires de ses patients qu'il constata, à la fin des années 1990, un accroissement considérable du nombre d'hommes et de femmes qui se disaient victimes d'enlèvements par des extraterrestres. Il entreprit aussitôt d'en chercher les raisons et parvint à la conclusion qu'il s'agissait de faits bien réels.

Le phénomène n'était d'ailleurs pas nouveau. Le premier cas célèbre fut celui d'un fermier brésilien Antonio Villas Boas, enlevé en 1957. Ensuite vint le tour d'un jeune couple américain, Betty et Barney Hill. Largement médiatisés, leurs récits firent boule de neige. Aussi bien Jacobs que Mack ont recueilli les témoignages de nombreuses personnes qui affirmaient avoir été kidnappées. En plus d'entretiens traditionnels, ils pratiquaient tous les deux la régression en relaxation profonde – comprenez l'exploration sous hypnose des traumatismes passés – afin de combattre leurs conséquences mentales, émotionnelles et physiques. Lors des séances, leurs patients parvenaient à se souvenir non seulement des détails de l'enlèvement, mais aussi des expériences vécues dans le ventre de leur mère voire bien avant, car ils étaient nombreux à avoir connu des événements similaires dans leurs vies antérieures. Qui plus est, les enlèvements se perpétuaient souvent sur de nombreuses générations d'une même famille.

En 1993, l'année de son prix Ig-Nobel, David Jacobs publie *Secret Life : Firsthand, Documented Accounts of UFO Abductions* (« Une vie secrète : récits authentiques et documentés d'enlèvements par les ovnis »), qui est un compte rendu exhaustif de ses entretiens avec les victimes des enlèvements. Auteur de plusieurs livres, conférencier actif, Jacobs jouit alors d'une réputation solide parmi les ovnistes qui accueillent son livre avec le plus grand enthousiasme, qui ne dépasse toutefois pas ce cercle. En revanche, l'ouvrage de John Mack, *Abduction : Human Encounters with Aliens*, paru un an plus tard, trouve un écho plus large tout en semant un trouble. Pourquoi un homme aussi reconnu prendrait-il le risque de compromettre sa belle carrière en cautionnant une thèse qui paraît aberrante, et ce au moment où les extraterrestres sont déjà en train de passer de mode ? Est-il devenu complètement fou, ou alors, la thèse n'est-elle pas si aberrante que ça ?

Aussi bien Jacobs que Mack affirment que le phénomène d'enlèvement est beaucoup plus fréquent qu'on ne le croit, que les victimes se comptent déjà en centaines de milliers, en millions peut-être. Ils sont tous deux largement d'accord dans la description des ravisseurs : ils constatent que le type d'extraterrestres le plus souvent rapporté dans les témoignages correspond à ce que l'on appelle « les petits Gris », des créatures hautes d'un mètre environ, à la peau gris pâle, avec de grosses têtes, de grands yeux noirs et une fente à la place de la bouche. Communiquant avec les humains par télépathie, ils ont le redoutable pouvoir d'envahir leur esprit et de les soumettre à leur volonté. De même, le déroulement des enlèvements est presque identique chez Jacobs et chez Mack. Rendues passives, incapables d'opposer la moindre résistance, les victimes sont emmenées dans des vaisseaux ovni où ils subissent de pénibles examens. Ensuite, des spermatozoïdes sont soutirés aux hommes, et des ovules aux femmes, afin de produire des œufs fécondés par une sorte de principe extraterrestre de nature non définie. Puis, l'œuf est implanté, pour un temps, dans l'utérus de la femme, et enfin le fœtus est placé dans un incubateur où s'achève la gestation d'un hybride à apparence humaine...

C'est en psychiatre professionnel et sûr de son fait que John Mack relate les récits des victimes d'enlèvements qui sont venus en consultation. Ces patients, affirme-t-il, ne ressemblent en rien à ses malades habituels. Ils ne présentent aucune pathologie mentale connue. Ils ne sont pas psychiquement dérangés – ou alors, il faudrait qualifier de psychotique quiconque a un point de vue différent du paradigme dominant. Ils se comportent comme s'ils avaient vraiment vécu ces expériences.

Qui plus est, les enlevés, dont la plupart n'ont aucune formation physique ni philosophique, affirment souvent que leur aventure ne s'est pas déroulée dans notre monde quadridimensionnel mais dans un univers parallèle, et s'ils sont incapables d'en dire davantage c'est parce que aucune langue terrestre ne dispose du vocabulaire nécessaire pour le décrire. « Les expériences rapportées possédaient toutes les caractéristiques d'événements réels : narrations extrêmement détaillées, logiques et cohérentes jusque dans les moindres détails, faisant état d'intenses traumatismes émotionnels, avec parfois des lésions apparentes sur le corps des victimes », précisait Mack. C'étaient des récits complexes, concordants d'une personne à l'autre, et c'est leur cohérence qui l'avait convaincu qu'il s'agissait de faits authentiques et pas du fruit de leur imagination. Il faut croire que Mack avait de bonnes raisons pour éliminer l'hypothèse que ses patients lisaient la presse et qu'ils y trouvaient un large lot de récits sur lesquels s'aligner.

Le phénomène, on s'en doute, n'était pas exclusivement américain. Des cas anglais, italiens, allemands, hongrois, russes, africains, sud-américains et asiatiques avaient été signalés, et leur description restait toujours la même, à quelques détails près. L'interprétation, en revanche, différait selon la culture du pays. Aussi, pour un sorcier zoulou d'Afrique du Sud, enlevé à l'âge de trente ans, ses ravisseurs étaient des êtres sacrés venus sur Terre, sacrée elle aussi en tant que l'une des vingt-cinq planètes qui ont produit la vie, et qui se trouvait actuellement en grave danger. Mais si l'interprétation change, le noyau dur de l'expérience reste le même tout autour de la planète : la description précise des humanoïdes, leur capacité à glisser à travers les murs, le déroulement des examens médicaux, les procédés de fécondation, la sensibilisation des enlevés aux risques de la destruction de l'environnement.

Aussitôt après la parution d'*Abduction : Human Encounters with Aliens*, l'École de médecine de Harvard, inquiète, constitua une commission chargée d'étudier l'approche clinique de Mack à l'égard de cette étrange catégorie de patients. Après quatorze mois d'une enquête qui a fait beaucoup de bruit, l'université pointa bien quelques erreurs méthodologiques de Mack dans la prise en charge des enlevés mais, au nom de la sacro-sainte liberté de recherche, elle se garda de se prononcer sur le bien-fondé de ses idées. « Nous ne nous sommes occupés que de son attitude professionnelle en tant que psychiatre académique, de son comportement envers les patients », expliqua le président de la commission. Aussi, la faculté de médecine confirma-t-elle la liberté de Mack d'étudier ce qu'il souhaitait et de faire état de ses opinions. « Harvard ne prévoit aucune procédure disciplinaire contre une personne soutenant des thèses non orthodoxes, au seul motif que nous ne sommes pas d'accord avec elles. » Les ovnistes ont célébré cette conclusion comme une reconnaissance de la réalité des enlèvements et un triomphe de Mack, qu'ils considéraient désormais comme un Galilée moderne et un candidat au prix Nobel – nullement parodique, Nobel tout court pour le coup.

Reste à savoir quel était le but des enlèvements, et c'est ici que les idées de Jacobs et Mack divergent. Au bout d'une trentaine d'années d'études, Jacobs en était arrivé à la conclusion que les enlèvements font partie d'un vaste programme d'hybridation ayant pour but l'infiltration de la société humaine et la prise de contrôle de la Terre. Pour mieux se fondre dans la foule, les hybrides apprenaient nos us et coutumes au contact de leur mère humaine, des enfants ou des adolescents kidnappés. Ils étaient entraînés à leurs activités futures au service des extraterrestres, telle la surveillance de la foule et le maintien de l'ordre, à la manière de nos CRS. Et ils allaient peut-être s'intégrer à notre société tout en douceur, sans que l'on s'en aperçoive.

Mais les enlevés parlaient aussi de divers autres scénarios qui leur avaient été présentés à bord des vaisseaux spatiaux, par télépathie ou sur écran télé : guerre nucléaire, chute d'un astéroïde, tremblements de terre, inondations, famines, épidémies, etc. Quelle que soit la manière dont le changement se produira, disait Jacobs, les hybrides prendront le contrôle de l'humanité grâce à leurs capacités mentales et physiologiques supérieures. Ils se trouvent déjà parmi nous, et ils seront de plus en plus nombreux. La société qu'ils comptent instaurer sera rigide et totalitaire, la liberté individuelle en aura disparu et nous y serons des citoyens de deuxième classe.

À ces prévisions catastrophiques, Mack opposait une tout autre vision du futur. Ses enlevés faisaient part, eux aussi, des procédés perturbateurs et traumatisants qu'ils avaient subis et qui les avaient profondément marqués mais, une fois ce traumatisme surmonté avec l'aide d'un thérapeute, ils accédaient à un niveau supérieur de spiritualité, profondément préoccupés qu'ils étaient par l'état de la Terre et par l'avenir de l'humanité. À eux aussi on avait montré des scènes de destruction, mais ce n'était que pour leur faire comprendre l'imminence d'une catastrophe écologique d'une ampleur inouïe. L'équilibre de notre planète était en train de s'effondrer et la vie, telle que nous la connaissons actuellement, ne pouvait plus se perpétuer. C'est précisément pour cette raison qu'intervenaient les extraterrestres en créant une race nouvelle. Il s'agissait en fait d'un programme de développement spirituel des invalides psychiques que nous sommes, d'une aide pour accéder à un univers intelligent, divin et sacré. C'était donc une entreprise altruiste qui nous offrait notre unique chance de salut.

Jacobs et Mack se sont souvent affrontés, chacun traitant les idées de l'autre d'inepties et de balivernes, mais les ovnistes n'étaient en rien troublés par la polémique : ils connaissaient toute la diversité du monde des extraterrestres. En accompagnant le vaisseau *Entreprise* dans son odyssée télévisuelle, ils avaient découvert la pluralité des êtres étonnants qui vivent dans les coins perdus de l'Univers. Toutes les interprétations étaient permises, tous les scénarios relatifs au sort de l'humanité étaient plausibles. Seule comptait, aux yeux des ovnistes, la conviction des deux universitaires que les extraterrestres existent bel et bien.

Et ensuite ? Pendant de longues années, il semblait que, pour une raison ou une autre, les petits Gris avaient abandonné leur programme d'hybridation et de prise de contrôle de la Terre. S'il y avait toujours des ovnistes croyants et militants, les apparitions des ovnis et des extraterrestres se faisaient rares. Il y a peu, voilà qu'ils semblent s'être réveillés ! Au printemps 2022, lors d'une audition considérée comme historique au Congrès américain, Scott W. Bray, directeur adjoint du renseignement naval, a révélé les signalements récents, par des observateurs militaires, de plus de quatre cents objets volants non identifiés. Il n'y avait pas eu de telle alerte depuis 1966. Comment ne pas établir un rapprochement avec les tous récents bruits de bottes et de bombes qui viennent de l'Est ? Le Docteur Folamour est de retour et les extraterrestres avec lui. Mais viennent-ils pour sauver l'humanité comme l'espérait Mack, ou participer à l'hallali selon Jacobs ? Nous le saurons toujours assez tôt.

Et nous préférons revenir à des rêves de scientifiques qui continuent de caresser l'espoir fou, avoué ou non, de ne pas être seuls dans le cosmos. Dès les années 1960, ils avaient lancé un programme de recherche d'intelligence extraterrestre, SETI.

À partir du bruit de fond de la galaxie capté par les radiotélescopes, ils espéraient détecter d'éventuels messages et envoyaient eux-mêmes des signaux codés aux hypothétiques habitants de l'espace. Une dizaine d'années plus tard, des sondes spatiales ont emporté de quoi présenter les Terriens aux extraterrestres : à bord des *Pioneer* 10 et 11, une plaque montrant un homme, une femme et le schéma du système solaire ; dans les *Voyager* 1 et 2, un disque contenant une centaine d'images, une vingtaine de morceaux de musique et, comble d'optimisme, un message aux extraterrestres en cinquante-cinq langues.

Plus modestement et avec davantage de réalisme, tout a été mis en œuvre pour détecter des traces de vie sur d'autres planètes. Des sondes spatiales analysent la composition chimique de leur atmosphère et des mesures *in situ* ont parfois pu être effectuées. C'est ainsi que tout récemment, en septembre 2015, la NASA a annoncé une « découverte scientifique majeure » : la présence d'eau sur la planète Mars. Même s'il ne s'agit que de toutes petites quantités, les esprits se sont aussitôt enflammés, car c'est bien grâce à l'eau que la vie existe sur Terre. Reste à savoir si cette eau martienne peut constituer un support de vie, ne serait-ce que pour la plus humble des bactéries, compte tenu de l'environnement extrêmement inhospitalier. Prudents, les chercheurs considèrent pour l'instant que la question de la vie sur Mars est à prendre avec de grosses pincettes.

Bien plus prometteuses aux yeux d'exobiologistes, comme on appelle les spécialistes de l'Univers et du vivant, sont des planètes hors du système solaire, dites exoplanètes. Leur observation pose d'énormes problèmes puisqu'il s'agit de détecter, dans le phare brillant de leur étoile, la pâle lueur qu'elles réfléchissent. Il a fallu attendre l'an 1995 pour que soit découverte la première exoplanète. Depuis, on en a identifié près de deux mille, mais c'est seulement en juillet 2015 que la NASA annonça avec fracas avoir trouvé une planète extrasolaire potentiellement habitable, soit une autre Terre.

Baptisée Kepler-452b, elle est éloignée de son soleil à peu près comme nous le sommes du nôtre. Elle se situe donc en « zone habitable », celle où la température n'est ni trop élevée ni trop basse et où l'eau liquide, indispensable à la vie, a des chances d'être présente. Sa taille est proche de celle de notre planète, son étoile est âgée de 6 milliards d'années, 1,5 milliard de plus que le Soleil. À ce jour, voilà qui rend Kepler-452b plus semblable à la Terre que toute autre exoplanète connue.

Rien ne permet d'affirmer que la vie y a existé, existe ou existera, mais rien ne permet de dire le contraire. Nous ne le saurons probablement jamais : 1 400 années-lumière nous séparent, beaucoup trop pour l'explorer directement. Et ce n'est pas la peine d'essayer d'établir un contact radio avec ses habitants, à supposer qu'il y en ait : il faudrait près de trois mille ans pour que leur réponse nous parvienne.

Mais, même si Kepler-452b n'est pas le candidat adéquat, il doit se trouver quelque part des exoplanètes où la vie extraterrestre foisonne. L'Univers est infini, selon certains – « Si votre Dieu est inapte à créer un Univers infini, le mien le peut », affirma hardiment Giordano Bruno, avec les conséquences que l'on sait. Et si l'Univers est infini, le nombre d'étoiles et de planètes l'est aussi, de même que le petit pourcentage de celles qui réunissent tous les ingrédients et les conditions nécessaires pour que la vie émerge.

Nous ne rencontrerons sans doute jamais nos lointains frères de l'espace. Nous ne saurons pas à quoi ils ressemblent, nous n'avons rien à craindre ni à espérer d'eux. Mais nous serons toujours libres de croire que nous ne sommes pas seuls au monde.

Stupéfiants guérisseurs

Soulager la douleur sans contact physique 2

Infirmière émérite, Dolores Krieger fut longtemps enseignante à l'université de New York, au sein de la faculté formant à ce corps de métier dont la doyenne, Martha Rogers, s'était distinguée en occidentalisant les concepts métaphysiques orientaux. Ce sont les idées de Martha Rogers qui ont inspiré le toucher thérapeutique, cette méthode de soins élaborée en 1972 par Dolores Krieger et par la théosophe Dora Kunz. Et c'est dans la retraite de Pumpkin Hollow, un centre spirituel de la société théosophique, que les deux femmes ont reçu les premiers patients et formé les premiers praticiens. Remarquons toutefois que le toucher thérapeutique n'est pas, à strictement parler, un toucher puisque, comme le précise l'intitulé du prix, c'est « *une technique permettant de manipuler les champs énergétiques des patients en souffrance tout en évitant un quelconque contact physique* ». Quant à savoir s'il est thérapeutique, les avis sont partagés.

DOLORES KRIEGER
« pour avoir démontré les bienfaits du toucher thérapeutique, une technique permettant aux infirmières de manipuler les champs énergétiques des patients en souffrance, tout en évitant un quelconque contact physique ».

Le toucher thérapeutique aurait cependant des bases scientifiques solides – c'est du moins ce qu'affirme Dolores Krieger, citant pêle-mêle le transfert d'électrons par résonance, les potentiels électrostatiques, la mécanique quantique et la théorie des systèmes. L'énergie entre et sort du corps humain, dit-elle, par les centres de conscience nommés *chakras*, des tourbillons d'énergie structurés, composants essentiels de la dynamique du champ énergétique humain. Dans son *Guide du magnétisme*, Krieger définit le champ énergétique humain comme un système de nature quantique, communiquant constamment avec les champs énergétiques environnants. Si vous ne comprenez pas tout, rassurez-vous : vous n'êtes pas les seuls.

La maladie équivaudrait alors à une perturbation du champ énergétique, à une dégradation du courant du *prana*, cette force vitale et universelle, et à la rupture de l'équilibre avec les champs extérieurs qui s'ensuit. Afin de réparer le champ énergétique détraqué, le thérapeute procède en trois étapes. La première est le centrage, « un acte d'introspection, un voyage au tréfonds de son être, afin de découvrir son être profond et sa relation à l'Univers et d'apprendre, comme un yogi, à suivre les flux d'énergie de sa propre conscience ». Ainsi préparé, le thérapeute s'applique à identifier les déséquilibres dans le champ énergétique du malade. C'est là où les chakras entrent en jeu.

Il en existe sept majeurs et plusieurs secondaires, dont deux situés dans la paume des mains. Le thérapeute place ses mains à quelques centimètres au-dessus de la tête du patient, puis les descend lentement et régulièrement jusqu'aux pieds, toujours sans contact. Les chakras de ses mains perçoivent ainsi un flot de signaux envoyés par les différents chakras du patient : tantôt des vagues de chaleur ou de froid, tantôt des picotements, des pulsations ou de petits chocs électriques. C'est avec son propre Moi sain que le thérapeute restructure et rééquilibre le champ énergétique du patient pour lui rendre sa capacité naturelle à combattre la maladie. Lorsqu'il constate une irrégularité, il envoie une énergie régulière et synchronisée ; s'il éprouve de petits chocs électriques ou des picotements, il effectue un balayage au-dessus des zones perturbées pour uniformiser le courant énergétique.

La séance dure habituellement une vingtaine de minutes. Ses bienfaits sont multiples. Le toucher thérapeutique apporte une atténuation, voire une disparition, des symptômes pénibles. Il diminue les maux de tête, les nausées, les diarrhées, l'inflammation, les œdèmes et les douleurs de l'accouchement. Il fait tomber la fièvre, il combat les infections, accélère la cicatrisation des plaies, soigne la rougeole et certaines formes de cancer. Il rétablit l'équilibre hormonal et protège l'organisme contre les bactéries et les virus. Il atténue les symptômes des maladies d'Alzheimer et de Parkinson, vient en aide aux enfants autistes et aux patients souffrant de sclérose en plaques. Il se montre efficace dans certains troubles psychiatriques sévères comme la psychose maniaco-dépressive. Et Dolores Krieger tient à préciser qu'il ne s'agit pas d'un effet placebo ; la preuve, le toucher thérapeutique fonctionne chez les nouveau-nés prématurés comme chez les patients plongés dans le coma et, bien que ce soit rare, il parvient, parfois, à ressusciter les morts.

Il faut reconnaître à Krieger d'avoir déployé une énergie extraordinaire pour populariser la technique du toucher thérapeutique, et avec un succès considérable. En 1998, l'année de l'attribution du prix Ig-Nobel, sa méthode était enseignée dans plus de quatre-vingts universités américaines et faisait partie de nombreux programmes de formation continue menés dans des établissements de soins médicaux. Et des dizaines de milliers de professionnels de santé, infirmières pour la plupart, portaient fièrement le nom de « dingues de Krieger ».

En 1998, un événement se produisit qui fit trembler l'édifice : le très prestigieux *Journal of the American Medical Association*, *JAMA*, publia un article intitulé « Close Look at Therapeutic Touch » (« Focus sur le toucher thérapeutique »), cosigné par Emily Rosa, une fillette de onze ans, originaire de Loveland dans le Colorado.

L'histoire est exemplaire, tant la démarche d'Emily est diamétralement opposée à celle de Dolores Krieger. Tout commence deux ans plus tôt quand Emily doit élaborer un projet dans le cadre d'une exposition scientifique organisée par son école. Elle choisit pour sujet le toucher thérapeutique. Ce n'est pas un hasard, car elle en a sûrement entendu parler à la maison : sa mère, Linda Rosa, est infirmière, son beau-père, Larry Sarner, est mathématicien et membre actif du Quackwatch, observatoire de la fraude et du charlatanisme dans le domaine de la santé. L'un et l'autre considèrent le toucher thérapeutique comme une évidente imposture. Mais il paraît que c'est Emily Rosa elle-même qui a eu l'idée d'un test d'évaluation de cette pratique et que c'est elle qui l'a conçu dans les moindres détails. L'aide de ses parents consiste à dénicher dans le Colorado vingt et une personnes prêtes à y participer.

Il y a parmi eux neuf infirmières, sept kinésithérapeutes, un chiropracteur, un assistant médical, un phlébotomiste (autrement dit, un saigneur) et deux autres à métier indéterminé. C'est bien la première fois que des praticiens du toucher thérapeutique se soumettent à un test destiné à vérifier son principe même, c'est-à-dire l'existence d'un champ énergétique humain. Plus tôt, la même année, la fondation de James Randi, célèbre démystificateur des pseudosciences et des phénomènes paranormaux, avait offert 700 000 $ à quiconque serait capable de le détecter – mais parmi les quarante mille dingues de Krieger, il ne s'en est trouvé qu'un seul à relever le défi, sans succès d'ailleurs. Si, cette fois-ci, ils sont vingt et un à dire « oui », c'est peut-être parce qu'ils s'imaginent qu'une gamine de neuf ans sera impressionnable et facile à berner.

C'est mal connaître Emily Rosa. Impassible, elle laisse chaque sujet prendre son temps pour le centrage ou toute autre préparation mentale dont il a besoin, avant de le soumettre à une série de dix exercices d'une simplicité diabolique. Le praticien est séparé d'Emily par un écran opaque. Il passe ses mains à travers des fentes en bas de l'écran et les pose sur la table, bien écartées, les paumes (avec leurs chakras bien sûr) tournées vers en haut. Dix fois de suite, Emily tire à pile ou face une pièce de monnaie laissant le hasard choisir l'une des mains du praticien. Elle y rapproche ensuite la sienne, à la distance pratiquée dans les séances de toucher thérapeutique, soit huit à dix centimètres. C'est le chakra de celle-ci qui devrait recueillir le champ énergétique d'Emily, à supposer qu'il existe, et à en avertir le praticien.

Gauche ou droite ? demande Emily. Et pas de chance : au lieu de donner toujours la bonne réponse, les praticiens se trompent à peu près une fois sur deux, comme le veut le pur hasard.

La démonstration fait parler d'elle. La rumeur parvient aux oreilles du cofondateur et président du Quackwatch, le psychiatre Stephen Barrett, qui contacte aussitôt Emily et ses parents pour leur proposer de rédiger ensemble un mémoire. Un article est ensuite soumis au *JAMA* dont le comité de lecture, connu pour être exigeant, est impressionné tant par la rigueur de l'étude que par ses résultats incontestables. *JAMA* publie donc « Focus sur le toucher thérapeutique », signé de Linda Rosa, Emily Rosa, Larry Sarner et Stephen Barrett.

L'article comporte une étude bibliographique exhaustive de toutes les publications contenant les mots-clés « toucher thérapeutique » et « champ énergétique humain » parues de 1972 à 1996 et répertoriées dans les grandes bases de données : Index Medicus, Medline, l'index des citations scientifiques et le catalogue des thèses. Ce sont les parents d'Emily qui s'en sont chargés, accumulant 853 références. Des praticiens du toucher thérapeutique y rapportent les témoignages de leurs patients, qui tous décrivent le bien-être ressenti lors de la séance, certains avouant tout de même que leur consommation d'antalgiques n'a pas diminué.

Dans leur conclusion, les auteurs affirment que le toucher thérapeutique ne repose sur aucune base sérieuse et que son usage par les professionnels de la santé n'est pas justifié. L'éditeur du *JAMA*, George D. Lundberg, recommande fortement aux compagnies d'assurances de ne pas rembourser les frais des séances du toucher thérapeutique tant qu'une expérimentation rigoureuse n'a pas démontré leur efficacité.

D'habitude, les articles publiés dans *JAMA* ne sont lus que par des spécialistes et n'atteignent pas le grand public. « Focus sur le toucher thérapeutique » aurait donc pu passer inaperçu, mais l'histoire qu'il raconte est tellement savoureuse que le *New York Times* la reprend le jour même, suivi de près par d'autres journaux. L'immense majorité des

Américains, qui n'ont jamais entendu parler du toucher thérapeutique, découvrent alors avec stupeur que de nombreux hôpitaux et cliniques de leur pays se font payer pour des soins qui, selon toute vraisemblance, relèvent de la charlatanerie pure et simple.

Emily Rosa a connu son heure de gloire. Plus jeune auteure de l'histoire du *JAMA* et probablement de toute autre revue scientifique, elle a reçu le prix du « sceptique de l'année » décerné par *Quackwatch*. Et Marc Abrahams a eu l'excellente idée de la convier au gala 1998 pour recevoir le prix à la place de Dolores Krieger, qui avait rejeté l'invitation.

Les prix Ig-Nobel étaient particulièrement cocasses, cette année-là. Le prix d'ingénierie fut attribué à Troy Hurtubise qui a créé et personnellement testé un vêtement protégeant l'homme lors d'une rencontre avec un ours brun. Celui de littérature, à Mara Sidoli, pour son rapport « Péter comme moyen de se défendre contre une angoisse indescriptible ». De chimie, à Jacques Benveniste, déjà primé en 1991 pour ses travaux sur la mémoire de l'eau, qui venait de découvrir que les souvenirs de l'eau peuvent être transmis par téléphone et par Internet. De physique enfin, à Deepak Chopra, dont nous parlerons plus loin.

Si Dolores Krieger, Jacques Benveniste et Deepak Chopra ont choisi de bouder le gala, les autres lauréats furent enchantés de se faire remettre leur récompense par l'un des quatre prix Nobel présents. Comme d'habitude, le public riait aux éclats et applaudissait à tout rompre ; mais aucun lauréat, que ce soit d'Ig-Nobel ou de Nobel, n'a été accueilli aussi chaleureusement que la petite Emily Rosa. Quand elle est montée sur scène, calme et posée, pour présenter son test pendant les trente secondes auxquelles elle avait droit, le public est entré en transe. Debout, il lui a fait une ovation inhabituelle, même pour les galas.

Et alors ? Et alors rien. On aurait aimé croire que la démonstration d'Emily a sonné le glas du toucher thérapeutique, mais ce n'est pas ainsi que les choses se passent dans la vraie vie. « J'espère que c'est un poisson d'avril », a dit Dolores Krieger, après avoir lu les articles du *JAMA* et du *New York Times* datés, en effet, du 1er avril. Elle a remarqué avec quelque mépris qu'Emily Rosa ne comprenait rien à la nature de la recherche fondamentale et que, si les médecins et les compagnies pharmaceutiques faisaient tout pour dénigrer des remèdes simples et peu coûteux, c'est parce que ceux-ci menaçaient leurs intérêts économiques. C'est un argument que nous retrouverons à chaque imposture, fusion froide et mémoire de l'eau incluses.

Jusqu'à ce jour, le toucher thérapeutique se porte très bien. Il est toujours enseigné dans nombre d'écoles d'infirmières et pratiqué dans certains hôpitaux américains. Lors de ses conventions nationales, l'Association des infirmières américaines organise toujours des ateliers dédiés. *Le Journal des infirmières diplômées*, l'un des journaux spécialisés les plus lus, continue à publier des articles qui vantent ses mérites, le Conseil des soins infirmiers de Californie l'intègre toujours dans ses programmes de formation, et les dingues de Krieger persistent à se déclarer capables de détecter le champ énergétique humain et de rééquilibrer ses zones froides, chaudes ou tendues, c'est selon.

Selon Dolores Krieger, quatre-vingts pays seraient acquis à la cause de sa méthode, dont la France. Il est vrai que ses ouvrages ont été traduits en français et qu'ils se sont assez bien vendus. Il est vrai aussi qu'il n'est pas impossible de trouver des magnétiseurs de différentes sortes qui pratiquent, entre autres, le toucher thérapeutique, mais à notre connaissance, aucun hôpital français ne le propose à ses patients, la sécurité sociale ne le prend pas en charge et les sages infirmières françaises ne sont pas devenues dingues de Krieger.

3 Guérir en restaurant son harmonie intérieure

Originaire de l'Inde, Deepak Chopra arriva aux États-Unis en 1970 à l'âge de vingt-trois ans, son diplôme de médecine en poche, pour se spécialiser en endocrinologie. Trois ans plus tard, c'était chose faite, et il commença à exercer au *New England Memorial Hospital*, à une dizaine de kilomètres de Boston. Mais il ne tarda pas à se laisser séduire par la méditation transcendantale, d'abord pour mieux combattre le stress et l'angoisse inhérents à sa vie exténuante, ensuite parce qu'il avait l'impression que la médecine avait tort de négliger la dimension spirituelle de l'être humain, et que 80 % des médicaments prescrits par les médecins (dont lui-même) n'avaient qu'un effet marginal sur l'état des patients.

DEEPAK CHOPRA « pour son interprétation originale de la physique quantique appliquée à la vie, à la liberté et à la prospérité ».

Le mouvement de méditation transcendantale avait été fondé vers la fin des années 1950 par le grand maître spirituel hindou, Maharishi Mahesh Yogi. Son but affirmé est d'ouvrir les portes de l'illumination à chaque individu et de diffuser ainsi à travers le monde la paix, la prospérité et le bonheur. Le mouvement s'est répandu en Inde d'abord, puis dans toute l'Asie du Sud-Est, aux États-Unis et dans quasiment tous les pays d'Europe. Infatigable, Maharishi enchaînait les tournées mondiales, rassemblant des foules et formant des milliers d'enseignants. Résultat, les centres de méditation transcendantale poussaient partout comme des champignons.

C'est aux États-Unis que le mouvement de Maharishi remporte les succès les plus spectaculaires. Dans les années

1960, le contexte y est particulièrement propice : inspirée par la *beat generation*, la jeunesse rejette le vieux rêve américain et les règles érigées par les générations précédentes. Elle veut faire l'amour, pas la guerre, et surtout pas celle du Vietnam. Avide de spiritualité, elle se laisse séduire par la pensée et les valeurs orientales. On voit partout les adhérents au mouvement Hare Krishna : vêtus des robes jaune safran, ils supplient les divinités hindoues de leur apporter joie et bonheur, en dansant et en chantant le mantra :

> *« Hare Krishna, Hare Krishna,*
> *Krishna, Krishna, Hare, Hare*
> *Hare Rama, Hare Rama*
> *Rama, Rama, Hare, Hare. »*

On a souvent confondu les mouvements Hare Krishna et hippie, à tort, car leurs principes sont diamétralement opposés. Entre autres, la drogue, y compris la marijuana, est strictement interdite dans Hare Krishna et l'abstinence sexuelle y est fortement recommandée, ce qui est loin d'être le cas chez les hippies. Confusion pour confusion, le terreau est fertile pour l'enseignement de Maharishi.

Mais qu'est donc la méditation transcendantale ? Elle se réclame du *Véda*, un ensemble de textes révélés aux sages hindous au deuxième millénaire avant notre ère. Maharishi y a intégré la médecine traditionnelle indienne l'Ayurveda, cette science ancestrale de la vie, éclipsée par la médecine occidentale et presque oubliée dans sa propre patrie. Mieux encore, au fil des ans, il a élaboré les versions védiques de l'architecture, de la musique, de l'astrologie, de l'agriculture et de l'éducation ainsi que des stratégies de gestion, de défense, d'administration et de lutte contre la pauvreté.

Si Deepak Chopra s'intéresse aux pratiques ayurvédiques depuis des années, c'est seulement lors de sa rencontre avec Maharishi, en 1987, que se précise son projet de combattre la maladie par la pensée. En même temps, Maharishi reconnaît en lui l'homme capable de combiner l'Ayurveda avec la médecine moderne et décide de lui révéler certaines techniques qui deviendront, selon lui, la médecine du futur. « Elles étaient connues dans le passé lointain mais elles se sont perdues dans le tourbillon du temps ; aujourd'hui, je veux que vous les appreniez, et en même temps je veux que vous expliquiez, de manière claire et scientifique, comment elles fonctionnent. »

Cette rencontre marque un tournant dans la vie de Chopra. L'année suivante, il franchit le pas : il abandonne sa pratique d'endocrinologue pour devenir directeur du premier centre de soins ayurvédiques aux États-Unis, le Centre Maharishi de santé ayurvédique pour la gestion du stress. Peu de temps après, il fonde l'Association américaine de médecine ayurvédique. Son étoile monte. Charismatique, excellent orateur et conférencier, il devient l'ami et le guide spirituel de politiciens, de pontes de l'industrie et de la finance, et des plus grandes stars de Hollywood.

« Appliquer la physique quantique à la vie, à la liberté et à la prospérité », en voilà un vaste et beau programme, porté par celui qui est devenu le gourou de la santé aux États-Unis et au-delà. En 1989, Chopra publie *Le Corps quantique* qui devient un best-seller, où il affirme tout bonnement que l'organisme vivant est la meilleure pharmacie et le meilleur médecin qui soit. Le corps produit lui-même tous les diurétiques, les analgésiques, les calmants et les antibiotiques qui lui sont nécessaires, il choisit judicieusement leur dosage et le moment de les administrer, il reconnaît la maladie à un stade précoce, il la combat et sort vainqueur de la plupart des batailles. Or ce n'est que lorsque les mécanismes de défense naturelle se détraquent que la maladie prend le dessus. Comment guérir, alors ? Eh bien, en restaurant l'harmonie intérieure, en acceptant les zones d'ombre de sa psyché, en pratiquant l'empathie et l'amour... Et le premier pas vers la guérison est la relaxation profonde qui permet au corps de retrouver son équilibre et sa capacité naturelle à se guérir lui-même. Tel est le grand principe d'Ayurveda.

C'est sur l'exemple du cancer que Chopra développe son argument. Il affirme avoir été, à maintes reprises, témoin de guérisons apparemment miraculeuses de cancers que la médecine ne savait pas soigner. Il a toujours constaté que, juste avant une telle guérison, le malade atteignait un niveau de conscience supérieur et que c'est alors que les cellules cancéreuses disparaissent, parfois du jour au lendemain. Ce saut de conscience brusque et radical, déterminant dans la rémission ou la guérison spontanée, s'apparente à un saut quantique, à l'instar des particules élémentaires.

« Quantum »... Sitôt le mot lâché, Chopra entame une patiente et insidieuse procédure d'amollissement du cerveau du lecteur. Il cite Hippocrate, Newton, Héraclite, Archimède, Démocrite, Platon, von Neumann, Stephen Hawking, Crick et Watson. Il raconte l'histoire du Machu Picchu et évoque la poésie de Keats. Il décrit les écosystèmes de la Terre, la structure de l'ADN, les quarks, les neurones, les synapses, les neuropeptides et les neurotransmetteurs. Et il ne fait pas seulement étalage de sa culture générale, médicale et scientifique, il chuchote en même temps à l'oreille du lecteur des histoires de patients cancéreux, mais aussi parkinsoniens, boulimiques, anorexiques, toxicomanes. Certains ont guéri par la force de sa méthode, d'autres pas, et pour cause : leur volonté a faibli, ils ont cédé à la peur et abandonné le combat. Et c'est seulement quand le lecteur est déjà bien bercé par cette musique suave et quand tout esprit critique l'a abandonné que Chopra se hasarde à introduire l'expression « guérison quantique ».

Le plus grand tort de la médecine traditionnelle, dit Chopra, c'est son incapacité à concevoir le système corps-esprit dans sa totalité comme une entité indivisible dotée d'une intelligence innée, propre, omniprésente dans l'organisme, prenant la forme tantôt d'une pensée, tantôt d'une molécule. Savez-vous ce qu'est un neuropeptide ? Selon le dictionnaire, c'est une petite protéine produite par un neurone et ayant essentiellement une fonction de régulation du système neuronal. La description choisie par Chopra est bien plus poétique et excitante : le neuropeptide est un point de transformation de la non-matière en la matière. Il n'est pas une pensée, mais il naît au contact d'une pensée et il évolue avec elle.

Ainsi le cerveau véhicule-t-il l'intelligence dans l'organisme tout entier, affirme Chopra. Les deux univers, celui de l'esprit et celui de la matière, sont intrinsèquement liés.

Mieux encore, leur coopération harmonieuse est la condition *sine qua non* de la santé et du bien-être. Qu'elle fasse défaut, et le corps devient un champ de bataille. Privés de leur dimension spirituelle, transformés en robots multitâches, les citoyens des sociétés modernes plient sous le poids de trop nombreuses obligations et contraintes. Qui plus est, ils vivent dans un monde dangereux, un monde d'injustice, de guerre, de violence. Le stress qui en résulte est responsable de toutes les addictions – travail, succès, nourriture, alcool et drogue. Il est aussi à l'origine d'une multitude de maladies, depuis les infections courantes jusqu'aux pathologies les plus graves.

Si la maladie correspond à la guerre, la guérison quantique amène la paix. L'approche ayurvédique consiste à rétablir ou à amplifier un processus naturel d'autodéfense de l'organisme. Pour lutter contre le banal torticolis comme contre le cancer, l'Ayurveda dispose de trois techniques de guérison extrêmement puissantes. La première est la méditation qui transporte l'esprit au-delà de ses limites. La deuxième, celle de la félicité, est une vibration qui relie la matière à l'esprit. C'est une sensation puissante, puisque la félicité est capable de modifier le rythme cardiaque, la tension artérielle, les sécrétions hormonales et d'autres paramètres physiologiques. La troisième technique ayurvédique – la moins compréhensible pour les non-initiés – est celle du son primordial, essence et souffle créateur de l'Univers. Il est symbolisé par la syllabe sacrée « om », psalmodiée depuis la nuit des temps par les grands sages de l'Inde et du Tibet. Imaginez la maladie comme une corde de violon mal accordée : lorsque, pour une raison quelconque, le corps-esprit ne parvient pas à y remédier, le son primordial vole à son secours.

Voilà le savoureux cocktail de haute science et de sacré, concocté et servi par un homme qui se trouve parfaitement à l'aise dans les deux cultures, orientale et occidentale.

Une irrésistible ascension, donc, qui finit par agacer le grand maître Maharishi Mahesh Yogi lorsqu'il se rend compte que la gloire de son élève est en train de dépasser la sienne. Il exige que Chopra cesse d'écrire des livres et de fanfaroner, et devant son refus, il le bannit de son mouvement.

Mais rien ne peut plus arrêter Chopra. En 1994, il fonde son propre centre, le Chopra Center for Well Being, entreprise prospère où se côtoient la médecine moderne et l'Ayurveda. En peu de temps, il devient le spécialiste mondial incontesté du bien-être. Avec la vente de livres, de vidéos, de vêtements et de compléments alimentaires, il se construit un véritable empire financier, si bien qu'en 1999, *Time Magazine* l'inclut dans sa liste des personnalités les plus influentes de l'année.

Consécration suprême, il devient ami d'Oprah Winfrey, présentatrice du talk-show diffusé de 1986 à 2011, qui a été le programme le plus regardé de l'histoire de la télévision. Animatrice et productrice de télévision, éditrice de magazines, actrice, milliardaire et philanthrope, femme noire, femme forte, aimable, tantôt tendre, tantôt coriace, Oprah Winfrey est une icône aux États-Unis. Elle est également une faiseuse de rois ; or, comme tant d'autres, elle succombe au charme de Deepak Chopra et lui offre la meilleure tribune dont on puisse rêver. Ces dernières années, ils proposent ensemble une série de séances de méditation trimestrielles, expliquant aux téléspectateurs comment puiser dans son propre pouvoir spirituel pour obtenir bonheur et succès.

Un quart de siècle après la parution du *Corps quantique*, Chopra est l'auteur de soixante-quinze livres, des best-sellers pour la plupart, traduits en plusieurs dizaines de langues. Une bonne moitié est parue en France. On y apprend à maigrir, à bien dormir, à vaincre les dépendances, la peur et les traumatismes. On y découvre le chemin de l'amour, les clés spirituelles de la richesse et les sept lois pour guider ses enfants sur la voie du succès. On y trouve des recettes pour libérer son potentiel de leader, mettre fin à la violence et atteindre le bonheur éternel.

Que demander de plus ? Ne nous étonnons donc pas qu'en 2014, dans un collège public du centre de Paris, des enfants de douze ans aient été invités par leur professeur de lettres à lire *La Voie du magicien – Vingt leçons spirituelles pour transformer votre vie* de Deepak Chopra. Et c'est sous les yeux perplexes de leurs parents cartésiens qu'ils découvrent la version ayurvédique du dialogue entre Merlin l'enchanteur et son élève Arthur.

Chopra est-il un charlatan, un arnaqueur ou au contraire, un bienfaiteur de l'humanité ? C'est comme vous voulez. Après tout, le système Chopra répond à la quête lancinante du sens de la vie, au besoin de spiritualité qu'éprouvent les âmes égarées dans la modernité. Évidemment, les médecins affirment qu'il n'existe aucune preuve de l'efficacité de la thérapie de Chopra, à part le bon vieil effet placebo, alors que les scientifiques, révoltés par cet amalgame de physique, de médecine et de croyances métaphysiques, y voient une confusion mentale aggravée et classent les idées de Chopra dans la même catégorie que la scientologie, la Christian Science et la mouvance New Age.

Deepak Chopra ne s'offusque pas de ces critiques, aussi virulentes soient-elles, choisissant de les mettre sur le compte de la jalousie et de l'ignorance. Aux scientifiques, il explique qu'il utilise le terme « quantum » dans un sens métaphorique qui n'a pas grand-chose à voir avec la théorie quantique. Aux médecins qui s'inquiètent que ses patients risquent d'abandonner un traitement médical, il répond qu'il ne commet jamais l'erreur de les y encourager et qu'au contraire, ils reçoivent en parallèle les soins conventionnels nécessaires.

À ceux qui l'accusent de vendre de faux espoirs, il rappelle avoir dit et redit que la vieillesse ou certaines maladies chroniques peuvent épuiser les capacités naturelles de l'organisme, auquel cas l'Ayurveda ne peut plus grand-chose. Enfin, à tous ceux qui ne croient pas en l'Ayurveda, il rétorque que la nature prévoit de multiples voies de guérison, de sorte que la maladie peut aussi être chassée par un grand éclat de rire ou un verre de jus d'orange. Et lorsqu'on l'accuse de faire fortune sur le marché de la santé et du bien-être, il répond en souriant qu'il préfère encore ce marché à celui des armes, de la drogue ou de la pornographie. Qui dira le contraire ?

Deepak Chopra serait capable de vendre la tour Eiffel à un Parisien et un sac de sable à un nomade du Sahara.

Histoire d'eau

L'eau possède une mémoire 4

Médecin et biologiste, Jacques Benveniste est lauréat non pas d'un, mais de deux prix Ig-Nobel de biologie. Arrivé à la cinquantaine, c'est un chercheur reconnu et respecté, directeur d'un grand laboratoire spécialisé dans l'immunologie, l'unité 200 de l'Institut national de la santé et de la recherche médicale (Inserm). Rien ne le prédestine à devenir la star des médias tant son domaine de recherche semble peu accessible au profane. C'est un peu par hasard que « la mémoire de l'eau » entre dans sa vie lorsque Bernard Poitevin, médecin homéopathe, lui demande de diriger sa thèse de troisième cycle. C'est Poitevin qui introduit le thème des hautes dilutions dans l'unité 200 et c'est à son initiative que les Laboratoires homéopathiques de France commencent en 1982 à subventionner les travaux de Benveniste. L'année suivante, c'est au tour des Laboratoires Boiron, le leader mondial de l'homéopathie.

JACQUES BENVENISTE « pour la découverte que l'eau est un liquide intelligent, capable de se souvenir des événements dont toute trace a disparu ».

Le terme « hautes dilutions » est si vague qu'il peut couvrir une vaste gamme de cas, et puisque nous allons l'utiliser souvent par la suite, autant définir ce qu'il signifie dans la bouche des homéopathes comme dans celle de Benveniste. En recevant le prix à la place de Benveniste, absent du gala, Dudley Herschbach, prix Nobel de chimie, en a donné une description imagée : ce sont des dilutions si extrêmes qu'il ne reste qu'une seule molécule de la substance de départ dans un volume d'eau suffisant pour remplir cent vingt piscines. Statistiquement, un verre d'eau puisée dans n'importe laquelle de ces piscines ne contient plus la moindre molécule de la substance diluée – et pourtant, si l'on en croit les homéopathes, toute l'eau de toutes les piscines conserve les propriétés de cette substance, en particulier ses vertus thérapeutiques.

Jacques Benveniste ne s'est jamais jusqu'ici intéressé aux produits homéopathiques, si bien que personne ne s'attend à ce qu'il déclare, en janvier 1985, avoir constaté un effet biologique d'un médicament homéopathique, *Apis mellifica*, fabriqué à partir d'abeilles écrasées et vendu en pharmacie pour le traitement des inflammations aiguës. Cela se passe à Puteaux, lors d'une table ronde réunissant des homéopathes et des représentants de l'industrie homéopathique, en présence de journalistes qui se hâtent de relater la découverte.

Le retentissement de la déclaration de Benveniste dépasse toutes ses espérances. Dans une interview parue dans *Le Monde*, il avoue avoir été surpris lui-même par les résultats obtenus et appelle à la prudence : « Il ne s'agit surtout pas d'en tirer des conclusions quant à l'efficacité thérapeutique de ces différents produits. Un effet biologique a été trouvé. Ni plus, ni moins. » Lorsque le journaliste remarque que c'est pourtant un soutien direct à l'homéopathie, il prononce ces paroles prophétiques : « Que voulez-vous, c'est comme ça, on n'y peut rien. C'est un débat qui va sans doute me dépasser, qui me dépasse peut-être déjà. »

Son laboratoire poursuit les travaux sur les hautes dilutions et, en juin de l'année suivante, Benveniste juge ses résultats suffisamment concluants pour les présenter à *Nature*, l'une des plus anciennes et sans doute la plus prestigieuse parmi les revues scientifiques généralistes du monde. Le verdict du comité de lecture arrive en novembre et c'est une douche froide : le comité se déclare sceptique, l'avis cinglant de son expert à l'appui : « [Les auteurs] affirment qu'une information a été transmise à des cellules isolées à partir d'une solution où aucune molécule ne pouvait être présente. Invoquent-ils alors le paranormal (ou un autre phénomène inhabituel) pour expliquer leurs découvertes ? » Bref, les affirmations de Benveniste sont qualifiées de hautement folkloriques et les preuves expérimentales qu'il présente ne sont pas jugées assez convaincantes pour justifier la publication.

Nature refuse beaucoup de manuscrits, mais il est rare qu'elle le fasse de manière si humiliante. Ulcéré, Benveniste ne s'avoue pas vaincu. Le 6 mars 1987, il envoie une nouvelle mouture de son papier, incluant les résultats positifs des essais effectués à l'hôpital Kaplan de Rehovot, en Israël. Peine perdue : l'expert de *Nature* juge le manuscrit inintelligible tout en soulignant de nombreuses erreurs méthodologiques qui disqualifient les tests.

Nul doute que cela aurait découragé beaucoup d'hommes, mais pas Benveniste qui change seulement de tactique : trois mois plus tard, il propose au directeur de *Nature,* John Maddox, de publier tout de même l'article en le faisant éventuellement précéder d'un avertissement qui exprimerait les réserves du comité éditorial. Maddox tarde à répondre, et ce n'est qu'au bout de plusieurs mois qu'il finit par écrire aussi courtoisement que fermement : « Merci d'avoir été si patient avec nous... J'ai hélas maintenant décidé que nous ne pouvions publier votre manuscrit. Je suis désolé de vous adresser ces nouvelles décevantes. »

L'affaire n'est pas finie pour autant. Elle rebondit au mois de mars de l'année suivante quand, tout à fait indépendamment de l'affaire Benveniste, l'Inserm dévoile les résultats de son étude portant sur deux médicaments couramment prescrits par les homéopathes, l'*Opium* et le *Raphanus*, censés accélérer la reprise du transit intestinal après intervention chirurgicale. Les tests ont été menés pendant plusieurs années, selon un protocole expérimental rigoureux, sur six cents patients de douze hôpitaux de la région parisienne. Le verdict des chercheurs est sans appel : l'*Opium* et le *Raphanus* n'ont strictement aucun effet thérapeutique.

Toute la presse en parle, mais nous ne citerons désormais que *Le Monde*, et cela pour deux raisons. D'abord parce que *Le Monde* est un quotidien de référence, premier parmi les égaux, généralement considéré comme respectable, fiable et peu enclin à verser dans le sensationnel. Ensuite par commodité, parce que les archives du *Monde*, contenant l'ensemble des articles publiés depuis 1944, sont facilement accessibles, ce qui n'est pas le cas de tous ses confrères.

Dans un papier intitulé « Un rapport de l'Inserm – L'homéopathie inefficace », *Le Monde* informe consciencieusement ses lecteurs des conclusions des experts. Il compatit tout de même à la déception des homéopathes et remarque que ces résultats ne portent que sur deux produits, et ne peuvent absolument pas être extrapolés à toute l'homéopathie. Quelques semaines plus tard, le journal revient à la charge. Est-il un adepte de l'homéopathie ? Ne veut-il pas attrister ses lecteurs dont une bonne partie sont des adeptes de l'homéopathie ? Pour une raison ou une autre, il n'hésite pas à prendre ses distances avec l'Inserm, organisme qui fait pourtant autorité dans la recherche médicale en France. *Le Monde* présente un gros dossier comportant les avis de rares détracteurs et de nombreux défenseurs de l'homéopathie. Ces derniers dénoncent avec indignation les failles des tests. Les fabricants de médicaments homéopathiques, en particulier, y voient un piège grossier tendu par l'industrie pharmaceutique conventionnelle, jalouse de ses parts de marché.

Et les journalistes de rappeler que l'effet biologique des produits homéopathiques a déjà été mis en évidence par Jacques Benveniste trois ans auparavant. Benveniste, de son côté, fait tout pour ne pas se faire oublier. Au congrès national d'homéopathie qui se tient quelques semaines plus tard à Strasbourg, il présente l'hypothèse audacieuse qu'il pourrait y avoir un effet moléculaire sans molécule, que l'eau qui ne contient plus aucune molécule active pourrait rester active elle-même, comme si elle gardait le souvenir des substances avec lesquelles elle a été en contact, comme si elle était dotée d'une mémoire, en somme. L'envoyé spécial du *Monde* au congrès de Strasbourg signe le papier intitulé « Une base scientifique pour une discipline contestée ? Les molécules fantômes de l'homéopathie » où il ne cache pas son enthousiasme. Interviewé, Benveniste insiste sur la nécessité de publier ses résultats dans une revue de prestige afin de les porter à la connaissance de la communauté scientifique internationale – et voilà un petit caillou lancé dans le jardin de *Nature*.

Les rôles sont désormais distribués. Jacques Benveniste est, et restera, persuadé que sa découverte va révolutionner la biologie. *Le Monde* a choisi son champion ; il le défendra bec et ongles, il sera son protecteur et ami pourrait-on dire, à supposer que ce soit une preuve d'amitié que d'applaudir un homme qui marche à sa perte en l'encourageant à accélérer la cadence. L'Inserm flaire un scandale qu'il cherchera à éviter. Quant à *Nature*, noyée sous un flot de lettres, de fax et de coups de fil de Benveniste, elle est déterminée à se débarrasser de lui une fois pour toutes. Tous les ingrédients d'une irrésistible tragicomédie scientifique sont désormais réunis et le rideau peut se lever.

Cela fait deux ans que Benveniste assiège *Nature*, qui résiste vaillamment à ses attaques. Benveniste argumente, insiste, se met en colère et accuse Maddox de chercher à étouffer la plus grande découverte du siècle. Imperturbable, Maddox dit « non ». Puis, soudain, l'impensable se produit : le 30 juin 1988, *Nature* publie le papier signé par Benveniste et douze autres chercheurs dont sept de l'unité 200 et six des laboratoires étrangers où les expériences auraient été validées. Il est accompagné, ce qui est tout à fait inusuel, d'un long éditorial. Maddox y informe les lecteurs de l'incrédulité des experts de *Nature* et annonce son intention de nommer une commission d'enquête indépendante qui se rendra dans le laboratoire de Jacques Benveniste pour voir de près le déroulement des expériences.

Il est difficile de mieux prouver que le directeur de *Nature* ne croit pas aux résultats de Benveniste. Pourquoi donc les publie-t-il ? Il dira plus tard qu'il a un peu perdu la tête quand Benveniste l'a accusé d'étouffer sa formidable découverte, comme l'Église a cherché à le faire avec celle de Galilée, et qu'il était effaré de le voir devenir une superstar des médias qui désorientaient le public, particulièrement en France. Dès lors, présenter le travail de Benveniste et le soumettre au jugement du milieu scientifique lui est apparu comme un moindre mal.

Sans surprise, les tenants de l'homéopathie voient dans cette publication le triomphe de leurs idées. Dans une plaquette diffusée aux pharmaciens le jour même de la parution de l'article, les Laboratoires Boiron soulignent fièrement le rôle qu'ils ont joué dans la découverte qui, promettent-ils, ouvrira de nouveaux horizons en biologie et en pharmacologie. *Le Monde* entre en transe et y entraîne ses lecteurs. Il donne tout de même la parole à Jean-Marie Lehn, prix Nobel de chimie, qui ne cache pas combien ces résultats le laissent perplexe : « En l'état actuel des connaissances dans le domaine de la science moléculaire, ou du moins des miennes, je ne vois pas comment en biologie, en l'absence de molécule, on peut transmettre une information. »

Il est vrai que dans notre conception de la matière fondée sur l'interaction des atomes et des molécules, une particule qui n'est plus là ne peut avoir laissé aucun souvenir. Son fantôme ne peut avoir aucun effet dans l'eau où, du fait du mouvement incessant et désordonné des particules, l'environnement se modifie du tout au tout en moins d'un milliardième de milliardième de seconde : comment parler d'une quelconque mémoire, dans ces conditions ?

L'Inserm tend à calmer le jeu, annonçant dans un communiqué une évaluation sereine qui dira s'il s'agit d'une illusion ou d'une réelle avancée des connaissances. Mais ces paroles restent discrètes et passent inaperçues, alors que les cris de victoire résonnent fort et portent loin. *Le Monde* fait monter la mayonnaise : « Après de longs mois d'hésitations, la prestigieuse revue scientifique britannique *Nature* s'est enfin résolue à présenter un phénomène incroyable », « Une découverte française pourrait bouleverser les fondements de la physique », « Une conclusion qui, parce qu'elle bouleverse les principes essentiels sur lesquels se sont construites la chimie, la physique et la biologie contemporaines, ne peut que donner des cauchemars aux scientifiques du monde entier ». Il y a aussi une biographie amoureuse de Jacques Benveniste, « L'enfant terrible de la recherche », et un long entretien où Benveniste prononce cette phrase culte qui marquera les esprits et fera une longue et brillante carrière : « La procédure utilisée [dans nos expériences] s'apparente à celle qui ferait agiter dans la Seine au Pont-Neuf la clé d'une automobile puis recueillir au Havre quelques gouttes d'eau pour faire démarrer la même automobile, et pas une autre. » Il y a manifestement là comme un soupçon de magie qui plaît et qui se vend bien.

Benveniste n'a que quelques jours pour jouir de son triomphe parce que la commission d'enquête annoncée par *Nature* arrive rapidement pour examiner les bases expérimentales de l'article « La dégranulation chez l'homme de basophiles, déclenchée par des anticorps IgE très fortement dilués », ce qui se traduit, dans le langage poétique des médias, par la « mémoire de l'eau ». Que signifient donc les trois termes incompréhensibles pour le commun de mortels qui figurent dans cet intitulé ? Les *basophiles* constituent moins de 1 % de nos globules blancs. Ils contiennent des granules qui peuvent se déverser à l'extérieur de la cellule, un phénomène qui se produit de manière excessive chez les sujets allergiques et que l'on appelle *dégranulation*. Quant à *IgE*, il désigne des anticorps produits par le système immunitaire lorsque l'organisme entre en contact avec des allergènes présents dans les pollens, les poils d'animaux et certains aliments.

La commission dépêchée par *Nature* est constituée de manière fort insolite : outre John Maddox, elle comporte Walter Stewart, chimiste et physicien qui s'est fait un nom en tant que pourfendeur de la fraude scientifique, et James Randi, jadis illusionniste professionnel, que nous avons déjà vu s'impliquer dans la démystification du toucher thérapeutique de Dolores Krieger (voir chapitre 2). Aucun doute n'est donc permis quant à la disposition d'esprit de Maddox : il s'attend à découvrir des irrégularités, une fraude, ou tout bêtement un canular.

Le jour même de l'arrivée de la commission, le ministre de la Recherche Hubert Curien organise un dîner qui réunit Jacques Benveniste, John Maddox, le directeur de l'Inserm

Philippe Lazar et une quinzaine de scientifiques français éminents. Benveniste s'y rend le cœur en fête, espérant obtenir enfin quelque soutien de la part des autorités et des confrères. Il sera cruellement déçu. L'ambiance est glaciale, la chaise sur laquelle il est assis se transforme en banc des accusés, et il s'entend dire, par un professeur du Collège de France, qu'il déshonore la communauté scientifique française. « J'ai compris ce soir-là que je n'étais pas leur homme. On me livrait aux chiens », confie-t-il avec amertume.

Toujours est-il que la commission se présente le lendemain à l'unité 200 pour vérifier sur place si, même dilués au point d'être absents de la préparation, les anticorps IgE sont toujours capables de baisser le « taux de dégranulation », comme le prétend Benveniste. Les résultats des expériences effectuées sous l'œil des enquêteurs sont négatifs : en leur présence, l'eau perd la mémoire, dirait-on. Qui plus est, ils constatent au vu des cahiers de laboratoire que la possibilité d'une erreur systématique n'a pas été sérieusement étudiée, que le test de la dégranulation de basophiles (élaboré par Benveniste lui-même) est contestable et que les résultats qui ne sont pas conformes aux attentes ne sont tout simplement pas pris en compte. Dans son rapport publié le 28 juillet par *Nature*, la commission conclut donc que les affirmations de Jacques Benveniste sont infondées. Unique bonne nouvelle, il n'y a pas d'accusation de fraude : « Tout porte à croire que le Dr Benveniste était (et peut-être demeure) convaincu de la réalité du phénomène qu'il rapporte dans son article. »

Jacques Benveniste profite de son droit de réponse. Publiée dans le même numéro de *Nature* que le rapport de la commission, c'est une violente diatribe contre les enquêteurs qu'il accuse d'amateurisme et de parti pris. Et il ajoute, pour enfoncer le clou : « La chasse aux sorcières de Salem, la persécution du maccarthysme, va assassiner la science. La science ne fleurit qu'en liberté. Quel qu'en soit le prix, nous ne devons pas permettre que la peur, le chantage, la délation anonyme s'infiltrent dans nos laboratoires. »

Il en faudrait davantage pour que la grande presse laisse tomber Jacques Benveniste. Le lendemain de la publication du rapport, *Le Monde* consacre à la mémoire de l'eau plusieurs papiers aux titres pour le moins racoleurs : « Une étrange brigade antifraude », « Passe-passe au laboratoire », « Un groupe bizarrement constitué ». Il qualifie l'affaire d'une des plus passionnantes énigmes scientifiques de ces dernières années et s'attend à des réactions du milieu de la recherche. Il n'y en aura pas, pour la bonne raison que ce milieu, dans son écrasante majorité, n'a jamais pris au sérieux la découverte de Benveniste.

Dans un sobre communiqué de presse, l'Inserm réaffirme son principe de réserve et se tient à l'écart de la polémique qui oppose Jacques Benveniste et les éditeurs de *Nature*. Son directeur Philippe Lazar a les nerfs solides, et c'est tant mieux, car sa situation est délicate. Tel un général responsable des bavures de ses soldats, le directeur de l'Inserm doit répondre de la dérive de chacun de ses chercheurs. L'Inserm refuse de désavouer Benveniste comme de le soutenir, adoptant la même attitude que l'université de Harvard, jadis, envers John Mack et A&M. envers Bockris : tant qu'une faute professionnelle grave n'est pas démontrée, le chercheur est libre d'avancer toute idée qui lui plaise.

N'empêche que les institutions comptent sur leurs experts pour statuer sur la valeur scientifique des résultats. Au printemps 1989 l'unité 200 est soumise à l'évaluation quadriennale habituelle. Le Conseil scientifique de l'Inserm, son instance suprême, valide tous les thèmes de recherche menés à l'unité sauf un : les effets pharmacologiques des hautes dilutions. Il remarque en plus que l'impact médiatique de ce sujet et les multiples polémiques qu'il alimente nuisent à l'activité principale de l'unité et, au-delà, à l'image de l'Institut, voire de la communauté scientifique française tout entière.

C'est avec un luxe de détails que *Le Monde* rapporte tous les épisodes de ce feuilleton. Décidément friand de scandale, le quotidien se demande ce que va faire Philippe Lazar : « Quelle que soit sa décision et compte tenu du contexte on ne peut plus passionnel qui entoure cette affaire, elle ne manquera pas de relancer la polémique. » Le journal sous-estime Philippe Lazar qui laisse du temps au temps sans craindre que les frasques de Jacques Benveniste ne déshonorent et ne ridiculisent l'Inserm et toute la recherche française – après tout, aux yeux de la communauté scientifique internationale, Benveniste ne représente pas plus la recherche française que Fleischmann et Bockris n'incarnent la recherche américaine. Appliquant religieusement le règlement, Lazar maintient l'unité 200, et cela sans exiger l'abandon des travaux sur les hautes dilutions, en recommandant seulement à Benveniste de renoncer à s'exprimer sur ce sujet en dehors des revues scientifiques.

Cela pourrait être mieux mais, telle quelle, la décision de Lazar permet à Benveniste de déclarer au *Monde* : « Comme on pouvait le prévoir, la sagesse et le courage ont prévalu. La décision finale maintient l'unité 200 dans son intégrité. Elle laisse aux chercheurs leur droit le plus fondamental, la liberté de chercher, sans laquelle il n'est pas de découverte possible. » Et il ajoute que le débat autour de ses travaux n'est pas scientifique mais partisan, personnel, économique et même théologique.

Pour quelque temps, *Le Monde* laisse Benveniste et l'Inserm en paix, d'autant qu'ils se taisent tous les deux.

En fait, on sait d'ores et déjà que l'unité 200 ne peut pas survivre au-delà de 1993, pour la simple raison qu'elle atteindra alors douze ans d'existence. Or l'Inserm a pour règle de fermer ses laboratoires parvenus à cet âge, afin que le mandarinat ne s'installe pas durablement et que les équipes se réorganisent et se remettent en cause. En général, une nouvelle unité est alors créée avec le même personnel et le même matériel, mais sous un nouveau nom et avec un nouveau directeur. Faut-il encore qu'elle compte un nombre suffisant de chercheurs titulaires... Or, il n'en reste plus beaucoup chez Benveniste : au cours des dernières années, ils sont presque tous partis pour se réfugier dans des lieux à la réputation moins sulfureuse où ils peuvent mener des recherches moins risquées.

Il est donc parfaitement logique que, le 9 juillet 1993, le Conseil scientifique de l'Inserm décide de fermer l'unité 200 tout en lui accordant, pour les dix-huit mois à venir, les mêmes locaux, le même matériel et les mêmes crédits que l'année précédente. En écrivant à Benveniste, Philippe Lazar lui conseille de profiter de ce délai pour publier ses travaux dans des revues de haut niveau.

La réponse de Benveniste est pleine d'amertume. Comme d'habitude, son verbe est haut et son style flamboyant : « Après l'offensive de *Nature* et la débandade à la juin 1940 de la communauté scientifique française, il n'y a actuellement aucune possibilité de publier dans un journal de niveau suffisant sur les dilutions/transmission. Tu me dis : "Publiez." Je suis les mains nues dans l'arène avec les lions, la foule des aveugles et des malentendants sur les gradins a le pouce en bas. Le tien est à l'horizontale : "Vas-y mon vieux, n'aie pas peur !" »

Ce sera donc bientôt la fin de l'unité 200, mais pas de l'affaire Benveniste. On peut accuser Jacques Benveniste de tout sauf de manquer de persévérance. Il n'a pas encore dit son dernier mot.

Les prouesses des physiciens

5 Les spaghettis se cassent toujours en plus de deux morceaux

« Nous avons tout fait avec les spaghettis, a confié Audoly. Nous les avons peints, nous les avons courbés, nous les avons cassés. » Ainsi ont-ils pu constater qu'un spaghetti courbé au-delà d'un point de rupture se brise en plus de deux morceaux, trois le plus souvent. Leur bref exposé a été suivi d'une éloquente démonstration : les Nobel présents, alignés sur le devant de la scène, chacun muni d'un spaghetti, ont refait l'expérience et confirmé un phénomène trop longtemps et injustement ignoré.

BASILE AUDOLY et SÉBASTIEN NEUKIRCH pour avoir expliqué pourquoi les spaghettis secs, lorsqu'on les courbe, se cassent en plus de deux morceaux.

En effet, jusqu'à une période récente, l'humanité ne semble guère avoir été tourmentée par le fait qu'un spaghetti sec, si on essaie de le briser, ne se casse généralement pas en deux morceaux mais en trois ou davantage. Certains s'y sont intéressés toutefois, et pas des moindres, comme Richard Feynman, l'un des plus fascinants esprits du XXe siècle. Lauréat du prix Nobel de physique en 1965 pour ses travaux en électrodynamique quantique, c'était en même temps un personnage flamboyant, joueur de banjo, peintre, déchiffreur du calendrier maya et expert en ouverture des coffres-forts les plus sophistiqués. Dans son livre *Un génie hors du commun, Richard Feynman en images,* Daniel

W. Hillis raconte une soirée passée en sa compagnie : « Nous préparions les spaghettis, notre plat préféré. Si vous prenez une poignée de spaghettis et si vous essayez de les casser, vous verrez qu'ils se cassent presque toujours en trois morceaux. Pourquoi trois ? Nous avons passé deux heures à inventer des explications plus folles les unes que les autres. Pour finir, nous nous sommes retrouvés avec des bouts de spaghettis éparpillés partout dans la cuisine, et toujours sans savoir pourquoi ils se cassaient en trois morceaux. »

Quelques années plus tard, un autre prix Nobel, Pierre-Gilles de Gennes, s'est penché sur le même mystère. Grand admirateur de Feynman, il se sentait peut-être, en toute modestie, plus à même que le grand homme des particules relativistes pour résoudre un problème d'ordre culinaire. Car de Gennes s'était fait une spécialité de la physique du quotidien. Il s'est intéressé aux mousses et aux émulsions, il a théorisé la stabilité des mayonnaises et on l'a vu à la télévision brasser des plats de nouilles pour simuler les mouvements de polymères enchevêtrés. Cependant, pour lui aussi, fiasco total sur le spaghetti.

C'est à cet insupportable suspense qu'Audoly et Neukirch ont mis fin en 2005. Le modèle qu'ils ont proposé est paru dans la plus prestigieuse des publications en physique, *Physical Review Letters*. La presse de vulgarisation scientifique l'a ensuite largement diffusé, séduite qu'elle était par cette histoire à la fois amusante, paradoxale et solidement étayée du point de vue de la physique et des mathématiques.

Car on aurait tort de croire que Basile Audoly et Sébastien Neukirch s'adonnent uniquement à des jeux de gosses. Au contraire, leur domaine de recherche, la mécanique des milieux continus, est plutôt austère. Il n'est d'ailleurs guère à la mode chez les apprentis physiciens d'aujourd'hui qui ne jurent que par particules élémentaires, cosmologie, inégalités de Bell ou, à la rigueur, matière molle. C'est pourtant une bien belle discipline qui associe l'amour des mathématiques et le goût pour des gros calculs avec un solide sens du concret. Elle s'intéresse en particulier aux déformations des corps solides soumis à des forces extérieures. Et elle se demande ce qu'il advient des poutres et des dalles d'un bâtiment, ou des coques d'un navire soumises à des charges ou des pressions. Comment les ponts, les viaducs, les barrages résisteront-ils par tous les temps ? Et peut-on prévoir dans quelles circonstances les structures finiront par rompre ?

Les idées physiques de base de l'élasticité sont simples, et remontent à la fin du XVIIe siècle. Elles n'ont pas subi de révolution conceptuelle comme il est advenu dans d'autres domaines de la physique. On sait depuis longtemps les mettre en équations. Mais c'est la résolution de ces équations dans un cas concret qui présente de redoutables difficultés. On doit alors prendre en compte l'exacte configuration du système, poutre ou dalle, avec ses propriétés physiques et géométriques et ses « conditions aux limites » c'est-à-dire les modalités réelles de fixation ou d'encastrement. Ces problèmes sont longtemps restés insurmontables, surtout si l'on abordait les régimes de fortes distorsions juste avant la rupture. La puissance nouvellement acquise du calcul numérique a enfin permis que ces histoires de pailles et de poutres puissent être résolues et retrouvent un regain de jeunesse.

C'est dans cette double culture de mécanique classique et de mathématique appliquée qu'Audoly et Neukirch ont été formés. Audoly a fait sa thèse à Paris, au laboratoire de physique statistique de l'École normale supérieure dont il avait été élève ; Neukirch, à Tours, à l'université François-Rabelais qui se distingue par son excellent Laboratoire de mathématique et physique théorique. Ils appartiennent maintenant l'un et l'autre au même institut à l'université Pierre et Marie Curie. Ils ont chacun leur équipe de recherche, leurs étudiants et collaborations extérieures. Mais de temps à autre, une idée, un projet commun les associe ponctuellement et c'est ainsi que fut résolue l'énigme du spaghetti sec.

Dans le langage classique de l'élasticité, le spaghetti, comme une perche, un brin de paille ou un roseau un peu sec, est une tige fragile qui se rompt quand on la courbe trop fortement. Audoly et Neukirch ont eu l'excellente idée que le processus ne s'arrête pas là, qu'une vibration naît au point de la fracture, se propage le long de la tige, se réfléchit à l'autre bout pour revenir sur ses pas. Par interaction avec la perturbation initiale, il apparaît alors localement des excès de courbure qui peuvent provoquer une nouvelle rupture. Audoly et Neukirch traduisent immédiatement leur hypothèse dans les équations de l'élasticité. La résolution par calcul numérique montre qu'il y a effectivement propagations d'onde, interférences et fragmentations en chaîne. Le tout est en excellent accord avec des expériences réalisées en laboratoire sur des pâtes de différents calibres, dans des conditions un peu mieux contrôlées qu'en cuisine.

Et voilà comment, au-delà du mystère des spaghettis secs, Audoly et Neukirch ont établi un résultat très général sur la fracture des tiges qui peut s'appliquer également à la perche du sauteur, à la ligne du pêcheur ou à certaines fractures osseuses. Contrairement à toute intuition, une telle tige ne se redresse pas bien tranquillement après la première cassure : le choc de la fracture entraîne une dynamique complexe d'ondes qui se propagent et se réfléchissent, aboutissant finalement à la fragmentation de l'objet en menus morceaux, alors même qu'on le laisse en paix.

Arrivé là, vous êtes peut-être pris d'une envie irrésistible d'interrompre votre lecture pour vous précipiter dans la cuisine, vous emparer d'un paquet de spaghettis et les briser l'un après l'autre pour vérifier cette extraordinaire théorie. Si c'est le cas, quel que soit votre métier, vous avez l'âme d'un chercheur. Soyez-en certains.

Faire léviter une grenouille 6

Peu de temps après avoir soutenu sa thèse, le jeune physicien André Geim quitte l'Union soviétique agonisante en 1990 pour effectuer une suite de séjours post-doctoraux en Europe occidentale. Quatre ans plus tard, sa réputation scientifique est déjà bien établie et lui vaut une proposition de position permanente comme professeur associé à l'université de Nimègue aux Pays-Bas. Il accepte immédiatement, ravi de trouver enfin sécurité et stabilité dans sa nouvelle vie. S'il ne trouve pas, à Nimègue, l'équipement nécessaire pour poursuivre sa recherche qui concerne la microélectronique des films ultraminces, il peut en revanche profiter du Laboratoire des champs magnétiques intenses, gloire de l'université. C'est là qu'a été développée une technique quasi unique au monde, permettant d'obtenir, à température ambiante, des champs magnétiques extrêmement élevés, un demi-million de fois plus intenses que le champ terrestre. Reste à savoir que faire de ce champ et l'idée ne tarde pas à venir : Geim se souvient d'une curieuse histoire d'eau magnétique qui aurait la propriété extraordinaire de prévenir les dépôts calcaires. Un petit aimant installé autour du robinet évite, dit-on, la formation de tartre dans les bouilloires. Ces gadgets se vendent comme de petits pains et fonctionnent bien, paraît-il, sans qu'on en comprenne la raison. C'est un phénomène qui intrigue Geim depuis des années et auquel il n'a jamais trouvé le premier bout d'interprétation. Si l'eau possède la moindre vertu

ANDRÉ GEIM et MICHAEL BERRY pour avoir fait léviter une grenouille à l'aide d'aimants.

magnétique, se dit-il maintenant, quoi de mieux que l'aimant de Nimègue pour la déceler ? Il fait alors ce qu'aucun physicien sain d'esprit n'aurait osé : il verse de l'eau dans le trou central, vertical, de la bobine. Il ne saura jamais dire lui-même d'où lui était venue cette idée extravagante qui s'avère géniale. Au grand étonnement de Geim, l'eau ne s'écoule pas sur le plancher mais reste en flottaison, à mi-parcours : elle lévite.

Geim est un scientifique beaucoup trop lucide pour aller s'imaginer qu'il vient de découvrir une nouvelle loi fondamentale de la Nature qui remettrait en cause toutes nos connaissances, comme l'ont cru certains de ses frères en Ig-Nobelerie devant un phénomène « inexplicable ». Il se rend vite compte qu'il n'a pas poussé assez loin sa réflexion sur les conséquences de théories classiques qu'il connaît cependant sur le bout des doigts. Il s'agit ici tout simplement du diamagnétisme, propriété extrêmement générale qui existe dans toute matière. Mais elle ne se manifeste qu'en présence d'un champ magnétique : les orbites des électrons atomiques s'y trouvent légèrement modifiées, ce qui crée de minuscules aimants orientés en sens opposé au champ qui leur a donné naissance. On retrouve, pour parler comme Geim, cette « bonne vieille loi de Lenz » qui stipule qu'un système perturbé réagit en essayant de s'opposer à l'effet perturbateur. Mais cette micro-aimantation est fugace, elle s'annule dès que le champ est coupé, et elle est négligeable comparée à l'intense aimantation permanente du fer et des composés ferromagnétiques qui nous sont familiers, pour ne citer que l'aiguille de la boussole ou les puces magnétiques.

Même si l'aimantation de l'eau est des milliards de fois plus faible que celle du fer, c'est bien elle qui explique pourquoi, dans le puissant champ magnétique de Nimègue, une goutte d'eau reste suspendue dans l'air : la petite aimantation acquise tend à la repousser hors du champ, vers le haut, alors que son poids l'attire vers le bas. Ce raisonnement est évidemment valable pour toute autre matière sans magnétisme propre, c'est-à-dire pour à peu près n'importe quoi. Pendant des heures, Geim, ses collègues et ses doctorants s'amusent donc comme des gamins à faire flotter dans l'air des gouttes d'eau, des sphères de plastic, des noisettes, des fleurs, des sauterelles et, pour finir, une jeune et jolie grenouille verte d'un centimètre d'envergure. (Précisons, pour rassurer les amis des animaux, qu'elle n'a pas pâti de cette expérience. Elle a vécu longtemps et a eu beaucoup d'enfants.)

Il lui reste à développer les bases théoriques de ses observations, ce qu'il fera avec Michael Berry, professeur à l'université de Bristol et théoricien de renom. Tout cela est très vite publié dans l'excellente revue britannique, *Journal of Physics*, puis rapidement et largement repris dans la presse de vulgarisation scientifique, de sorte que la grenouille flottante connaît une éblouissante carrière internationale.

À quarante-deux ans, avec une belle liste de publications et la gloire que lui a apportée la lévitation magnétique, André Geim n'a que l'embarras du choix pour obtenir une chaire de professeur titulaire en Grande-Bretagne. Il choisit l'université de Manchester pour une raison toute simple : elle propose en même temps un poste de maître de conférences à sa femme, excellente physicienne qui pendant les années Nimègue devait se contenter du statut de technicienne. Les Geim sont enchantés de pouvoir mener une double carrière et touchés par la sollicitude de leurs futurs collègues. Ils ne regretteront jamais leur choix.

Que l'université de Manchester soit moins prestigieuse que Harvard ou Cambridge, qu'elle ne dispose pas du meilleur équipement et n'attire pas les chercheurs les plus brillants, ne tracasse pas Geim le moins du monde. Il est persuadé qu'il n'est pas nécessaire de se trouver dans le meilleur endroit au meilleur moment, qu'il est possible de faire une excellente recherche dans un laboratoire de moindre réputation, et il répétera inlassablement ce message à l'attention des jeunes scientifiques de tous les pays.

Une autre idée est chère à Geim : plutôt que de creuser toujours plus profond là où s'affairent déjà une foule de chercheurs d'or, il préfère s'aventurer sur des terrains non encore explorés. Partir dans une direction nouvelle, même un peu au hasard, peut s'avérer gratifiant. Des richesses insoupçonnées peuvent s'y cacher juste sous la surface. Aussi préconise-t-il ce qu'il appelle « les expériences du vendredi soir » : si une intuition ou seulement une rêverie surgit soudain à la fin d'une semaine laborieuse, cela vaut la peine de la suivre, quitte à s'éloigner légèrement de la ligne principale de sa recherche. Car la plus grande crainte de Geim est de s'ennuyer à force de rester pendant des années sur un même sujet. Sans cesse il se demande « qu'est-ce que je pourrais bien faire d'autre ? ». Évidemment, il faut parfois des mois de réflexion et plusieurs manips pour s'assurer que l'idée du vendredi soir ne mène pas dans une impasse, comme c'est le cas quatre-vingt-dix-neuf fois sur cent. Parmi les nombreuses idées plus ou moins farfelues de Geim, presque toutes ont lamentablement échoué, mais c'est tout de même un vendredi soir qu'il s'est risqué à verser de l'eau dans l'axe du super-aimant de Nimègue ! Pour être précis, c'était en fait dans la nuit du vendredi au samedi, car faire fonctionner l'électroaimant à plein régime coûtait si cher qu'on ne le faisait qu'en nocturne pour profiter du tarif réduit de l'électricité.

À Manchester, Geim peut enfin poser ses valises et s'installer pour de bon. Il obtient des crédits, recrute des collaborateurs, aménage des « salles blanches », pressurisées et dépoussiérées, avec les équipements sophistiqués de fabrication et d'étude des microstructures. Il revient à ses anciennes amours, les films ultra-minces. Et voilà que quelques-unes de ses idées du vendredi soir se mettent à tournailler dans sa tête avant de se télescoper. Elles le mèneront très loin.

Le domaine de compétence de Geim est riche de promesses en ce début de millénaire, particulièrement pour ce qui concerne les nanostructures de semi-conducteurs qui permettent de dessiner des nanocircuits, ou dans les « sandwichs » de substances magnétiques qui marquent les débuts d'une nouvelle et mystérieuse technologie, la spintronique, et qui vaudront à Albert Fert et Peter Grünberg le prix Nobel de physique 2007. Une foule de chercheurs sont mobilisés sur ces thèmes, d'où l'idée de Geim d'aller rôder du côté de systèmes moins étudiés et moins bien compris : les semi-métaux, qui sont à la frontière entre isolants et conducteurs, comme l'antimoine et le bismuth, qui semblent sortis d'un vieux grimoire d'alchimistes. Et pourquoi pas le carbone, tant qu'à faire ? Ses propriétés électriques sont peu communes, car il est isolant sous sa forme diamant mais conducteur dans le graphite de nos mines de crayon. Or le graphite a une structure très particulière : c'est un millefeuille constitué d'un empilement de couches atomiques où les carbones sont organisés en réseau hexagonal.

Geim entrevoit un champ de recherche novateur et prometteur du côté des couches ultra-minces de graphite dont personne ne se soucie. Encore faudrait-il obtenir de telles couches, ce qui n'est pas une petite affaire. Il confie cette tâche à un doctorant fraîchement débarqué de la Chine, mais la variété de graphite n'est pas la bonne, les consignes de Geim ne sont pas assez précises et pour couronner le tout, l'anglais hésitant du doctorant rend la communication compliquée. Le résultat : au bout de quelques mois, il ne reste du bel échantillon massif de graphite qu'une petite pastille noire, épaisse de 10 micromètres, ce qui est colossal dans le monde des nanotechnologies et donc totalement inexploitable.

Les piques de Geim sur l'homme qui a abrasé une montagne pour obtenir un grain de sable tombent heureusement dans l'oreille d'un physicien ukrainien, Oleg Shklyarevski, qui travaille à côté. « Tu veux des pellicules de graphite eh bien en voilà ! », dit-il, en sortant de sa poubelle un bout de scotch où sont attachés quelques minuscules amas noirâtres. Spécialiste de la microscopie par effet tunnel, une technique incontournable en physique des surfaces, Shklyarevski a l'habitude de nettoyer la surface à étudier en enlevant les couches superficielles plus ou moins polluées à l'aide d'un ruban adhésif. Il le fait en particulier avec le graphite qui est une référence standard pour cette technique, comme Geim le faisait lui-même pendant des années, sans jamais avoir la curiosité de regarder ce qui se trouvait sur les morceaux de scotch utilisés. Il s'avère, au microscope optique, que ces pellicules, obtenues sans aucun effort, sont infiniment plus minces que le produit du labeur du pauvre doctorant.

C'est le premier pas sur la route pour Stockholm. Il y a des moments où l'intuition du chercheur lui souffle qu'il est au bord d'une percée majeure. Geim le pressent maintenant, comme un jeune diplômé de l'université de Moscou qu'il a embauché quelques années plus tôt, Konstantin Novoselov. Laissant tomber leurs autres sujets de recherche, ils effectuent une mesure électrique sommaire sur les petits amas de graphite détachés du scotch avec des pincettes et des cure-dents. Avec autant de joie que de stupéfaction, ils constatent que ce sont d'extraordinaires conducteurs. Dès lors, le savoir-faire et la patience prennent la relève, et il en faut beaucoup pour peaufiner la méthode scotch, plus noblement appelée « exfoliation ». Et un jour, le miracle se produit : ils passent d'échantillons formés de quelques feuillets de graphite à une seule épaisseur atomique.

Un objet absolument incroyable est ainsi né, un cristal de carbone à deux dimensions, stable et conducteur, une sorte de molécule géante organisée en réseau hexagonal. On l'appelle « graphène », en s'inspirant de la nomenclature appliquée aux composés du carbone tels benzène, naphtalène ou encore anthracène, tous à structure hexagonale.

Après des mois de labeur acharné, de mesures méticuleuses, de vérifications soupçonneuses qui mobilisent maintenant toute la technologie sophistiquée du laboratoire, l'article qui annonce la découverte du graphène et de ses propriétés électriques est publié en 2004 dans la revue américaine *Science*, après avoir été refusé par *Nature*, journal que l'on n'a pas toujours connu si frileux. *Nature* se rattrapera l'année suivante avec ce qui est sans doute l'article majeur de l'équipe de Manchester, « Two-dimensional gas of massless Dirac fermions in Graphene » (Gas bidimensionnel de fermions de masse nulle de Dirac dans le graphène). Au-delà des premières constatations de l'année précédente, Geim et ses collaborateurs y démontrent, expérimentalement et théoriquement, que ces feuillets atomiques ne se contentent pas d'être d'excellents conducteurs, mais que les électrons s'y déplacent à des vitesses faramineuses, se comportant comme des particules ultra-relativistes de masse nulle. Cette propriété ésotérique qui, devine-t-on, se trouve au croisement de la mécanique quantique et de la relativité, fait du graphène un système radicalement novateur. Avec ce type nouveau de conducteur, une sorte d'OVNI, ni réellement métallique ni semi-conducteur, c'est tout un monde nouveau à explorer car les implications en physique fondamentale et en électronique paraissent sans limites.

En 2010, André Geim et Konstantin Novoselov reçoivent le prix Nobel de physique pour « les expériences révolutionnaires sur les matériaux bidimensionnels en graphène ». Remarquons que les six années qui séparent la découverte de la récompense constituent un délai étonnamment bref quand on connaît les mœurs prudentes de l'académie de Stockholm. Sur ce critère, les graphènes ne sont battus que par les supraconducteurs haute température qui déchaînèrent, jadis, un emballement scientifique et journalistique inédit : Georg Berdnorz et Alex Müller, qui les avaient découverts en 1986, furent nobélisés dix-huit mois plus tard.

L'excitation et les espoirs éveillés par les graphènes sont aujourd'hui toujours aussi vifs. C'est en effet le matériau de tous les records et de tous les rêves, une toile d'araignée d'atomes, le voile le plus léger, le plus fin qui se puisse concevoir, souple, déformable et cependant, deux cents fois plus résistant à la rupture que l'acier. Transparent à la lumière, il ne s'oxyde ni ne se contamine. Et cependant, cette matière évanescente est un excellent conducteur électrique, meilleur qu'un fil de cuivre, car le réseau de carbone est tellement régulier que les électrons s'y déplacent sans obstacles, sans pertes d'énergie et sans échauffement.

Toutes les pistes sont ouvertes : écrans flexibles, rouleaux de papier électronique, nanotransistors à très haute fréquence, filtres moléculaires, agents de dépollution, cellules solaires, ingénierie bio, et peut-être même, dans les rêves les plus fous, « ascenseurs en graphène » capables de remplacer, un jour, les navettes spatiales. Les idées foisonnent, sans que l'on sache, pour l'instant, lesquelles aboutiront et assureront à l'Europe, la patrie du graphène, la suprématie incontestable sur les technologies du XXIe siècle.

Faut-il encore s'armer de patience, car le graphène reste très difficile à produire et coûte très cher. Dans quelques entreprises, des robots en fabriquent de petits échantillons, à des prix rédhibitoires pour les applications. Mais déjà, des méthodes plus industrielles commencent à voir le jour – des échantillons de 75 cm de côté sont annoncés par Samsung. Quoi qu'il en soit, il faut croire que la très sérieuse Commission européenne n'avait pas la tête dans la Lune quand elle a sélectionné, en 2013, le thème des graphènes comme l'un de ses deux projets phares. Doté de un milliard d'euros sur dix ans, il associe soixante-quatorze partenaires académiques et industriels répartis sur dix-sept pays différents et mobilise des milliers de chercheurs, sous la houlette de quatre prix Nobel dont Geim et Novoselov.

Victime du succès de sa découverte et des énormes enjeux qu'elle soulève, Geim semble condamné, comme dans ses pires cauchemars, à s'occuper du graphène pendant de longues années encore, lui qui ne craint rien tant que de trop s'attarder sur un même sujet. Il avoue qu'il lui arrive encore, certains vendredis soir, de se laisser aller à des rêveries qui mèneraient peut-être – ou peut-être pas – à l'émergence d'une nouvelle et passionnante idée. Peine perdue : « Chaque fois que je suis tenté de laisser tomber ce domaine pour migrer vers un autre, moins exploré, je me ravise : le graphène est un champ de recherche tellement vaste que quoi que je fasse, quelle que soit la nouvelle direction que j'essaie, ça finit toujours dans le graphène. »

Aussi bizarre que cela puisse paraître, en dépit de son extraordinaire potentiel, le graphène n'a jamais enchanté ni enflammé les médias et le grand public comme la petite grenouille en lévitation. Il ne fait fantasmer que les spécialistes, tandis que l'image de la grenouille s'est durablement installée dans les manuels scolaires et universitaires, belle illustration de l'omniprésence du diamagnétisme et d'un résultat scientifique qui, sans elle, serait resté confidentiel. Or, donner au plus grand nombre le goût de la science en montrant qu'elle peut être belle et drôle à la fois a toujours été l'ambition de Geim. Aussi accepte-t-il de bon cœur que, lors des congrès ou des réunions de travail sur le graphène, des confrères lui parlent, encore et encore, de la grenouille : « Je commence mes cours en la montrant à mes étudiants qui en sont toujours ravis et impatients de comprendre pourquoi elle vole. »

Les découvertes improbables des économistes

Plus un placebo coûte cher, plus il est efficace 7

Professeur à l'université Duke, Dan Ariely est également cofondateur et conseiller scientifique de BEworks, une société spécialisée dans les applications de l'économie comportementale à différents problèmes rencontrés par les décideurs, qui intègre aux sciences économiques des éléments de psychologie cognitive, comme le choix de stratégies de marketing, l'analyse des profits et des pertes, l'optimisation des prix, etc. En peu de temps, BEworks a trouvé un millier de clients, et pas des moindres, aussi bien parmi les agences gouvernementales que parmi les entreprises.

DAN ARIELY, REBECCA L. WABER, BABA SHIV et ZIV CARMON « pour avoir démontré que plus le placebo coûte cher, et plus il est efficace ».

De façon générale, Dan Ariely étudie tout et n'importe quoi, pourvu que cela permette de mettre en évidence l'irrationalité des comportements humains : les régimes alimentaires aberrants, les cures d'amaigrissement contre-productives, la tendance à remettre au lendemain ce qui devrait être fait aujourd'hui, l'achat d'objets inutiles et toutes sortes de décisions que nous n'aurions pas prises si nous étions aussi raisonnables que nous le croyons.

Il s'est même attaqué à tester la flexibilité des normes morales. Aussi a-t-il pu constater, dans une expérience de laboratoire, qu'un certain nombre de ses cobayes avaient tendance à se comporter de manière nettement plus vertueuse dans l'heure qui suivait la lecture des *Dix Commandements*. Une autre expérience, pour le moins osée, a fait apparaître une facette de la nature de ses étudiants qu'ils n'auraient jamais soupçonnée eux-mêmes. À froid, tous se disaient respectueux des femmes, peu tentés par des bizarreries sexuelles et fermement décidés à utiliser systématiquement un préservatif. Mais lorsqu'ils répondaient au même questionnaire tout en se masturbant et en regardant des photos érotiques, ils oubliaient prudence et bonnes mœurs et se déclaraient prêts à s'exposer au risque d'une infection sexuellement transmissible ou d'une grossesse non désirée, à soûler une fille voire à la droguer pour qu'elle accepte de coucher avec eux. Sans exclure de la violer, le cas échéant.

L'économie comportementale est décidément l'unique domaine permettant de faire ce genre de recherche le plus sérieusement du monde.

Plusieurs études d'Ariely portent sur l'effet placebo dont il parle avec le plus profond respect. Le placebo, dit-il, a été utilisé depuis la nuit des temps pour chasser les démons et vaincre les maladies au moyen d'œil de crapaud, d'aile de chauve-souris, de poumon de renard séché et de corne de cerf pilée. Prenons le cas extravagant de la poudre de momie égyptienne, utilisée pendant des siècles contre l'épilepsie, l'apoplexie, la paralysie, la goutte, l'urticaire, la migraine, les luxations, les hémorragies internes, les fractures, les affections pulmonaires, cardiaques et digestives. Alors qu'elle ne faisait plus partie de la pharmacopée du XIXe siècle, quelques poches de résistance ont longtemps subsisté : en 1924 encore, le laboratoire pharmaceutique Merck proposait dans son catalogue un kilo de *Mumia vera Aegyptiaca* pour la somme pharaonique de douze marks d'or.

La momie en poudre n'est pas ce qu'il y eut de plus répugnant en matière d'utilisation du corps humain. Voici une recette de remède contre des maladies multiples et variées datant du XVIe siècle : « Procurez-vous le cadavre d'un jeune homme de vingt-quatre ans, roux, ne portant aucune blessure ni aucune tache, mort de la veille, de préférence par la corde, la roue ou le pal... Exposez-le un jour et une nuit à la lumière du soleil et de la lune, puis découpez-le en bandes grossières. Saupoudrez d'un peu de myrrhe et d'aloès en poudre, pour prévenir l'amertume. »

De nos jours encore, au Burundi, au Kenya et, surtout, en Tanzanie, les albinos sont victimes de croyances qui attribuent à leurs organes des pouvoirs magiques. Plus la victime crie lors de l'amputation, plus les vertus du remède seraient puissantes. En Tanzanie, où les mutilations et les meurtres des albinos sont les plus fréquents, les « ensembles complets » incluant les membres, les oreilles, la langue, le nez et les parties génitales se vendent à des milliers de dollars.

Ce n'est évidemment pas à ce genre de placebos que s'intéresse Dan Ariely, mais à ceux, bien moins choquants, qui prolifèrent dans nos sociétés modernes et qui sont le fonds de commerce des médecines dites alternatives, douces ou parallèles : la phytothérapie, l'aromathérapie, l'ostéopathie, la méditation, la chiropraxie, la sophrologie, l'hypnothérapie, l'acupuncture, l'homéopathie et bien d'autres encore. Selon les sondages, 25 % des habitants de l'Union européenne y recourent systématiquement pour compléter un traitement conventionnel – un taux qui atteint 80 % chez les patients souffrant de cancer – alors même qu'aucun test scientifique n'a confirmé leur efficacité. Il n'empêche que certaines de ces thérapies alternatives sont tellement sollicitées par les patients que la communauté médicale les introduit dans des services hospitaliers à côté des traitements habituels médicamenteux ou psychothérapeutiques. C'est entre autres le cas de l'acupuncture, de l'hypnose et de la méditation que nous avons traitée de manière un peu désinvolte dans un de nos précédents chapitres : qu'elles soient d'origine bouddhiste ou issues de traditions contemplatives du christianisme ou du soufisme, des thérapies dérivées de la méditation sont utilisées de manière totalement laïcisée dans nombre d'établissements.

L'homéopathie reste un cas à part, surtout en France où plus de 50 % de la population la juge efficace, du moins dans le cas des allergies, des eczémas, de l'asthme, des migraines, de la dépression, des troubles de la ménopause – et cette liste n'est pas exhaustive. Chacun connaît quelqu'un qui connaît quelqu'un qui a eu recours à un traitement homéopathique alors que tous les autres s'étaient avérés inefficaces et qui s'en félicite. N'empêche que la décision prise en 1984 par Georgina Dufoix, la ministre des Affaires sociales de l'époque, de faire rembourser les médicaments homéopathiques par la Sécurité sociale a soulevé un véritable tollé. L'Académie de médecine a dénoncé un retour à l'irrationnel, considérant que la prescription homéopathique n'est pas un acte de raison, mais bien plutôt un acte de foi. Elle a remarqué que les médicaments homéopathiques sont les seuls qui soient dispensés de prouver leur efficacité, alors que tous les autres sont soumis à des tests rigoureux avant d'être introduits sur le marché. En 2019, Agnès Buzyn aura finalement le courage de revenir sur la décision de Georgina Dufoix.

À tous les détracteurs du placebo, Ariely demande : ces produits sont-ils vraiment des impostures qui ne méritent que notre mépris, quel que soit leur effet sur le bien-être du malade ? Si vous découvriez une substance ou une procédure de type placebo qui vous paraît bénéfique, ne l'utiliseriez-vous pas ? Après tout, les médecins y ont recours tous les jours, ne serait-ce que pour apporter du confort psychologique à leur patient...

On pense dénigrer le placebo en affirmant que son effet est « purement psychologique ». Et alors ? demande Ariely. La psychologie est-elle vraiment un gros mot ? Tant qu'on n'explique pas l'effet placebo par la mémoire de l'eau comme Benveniste, par le champ magnétique humain comme Krieger ou par la physique quantique comme Chopra, tout va bien.

Si le placebo est efficace, c'est d'abord parce que les gens y croient et parce qu'ils font confiance aussi bien au remède qu'au soignant – or ils se sentent en général mieux entendus et mieux compris par les praticiens de traitements alternatifs que par les médecins conventionnels. Intervient aussi le mécanisme de conditionnement. Il est bien connu que, suite à la répétition d'expériences déjà vécues, à la reconnaissance d'un produit, d'une marque ou même d'un emballage, le corps développe une attente susceptible de procurer un soulagement et même de déclencher quelque processus interne de guérison.

En bon économiste, Ariely explore alors l'influence du prix à payer : un médicament cher est-il plus efficace que son équivalent bon marché ? Pour répondre à cette question, il procède avec son équipe à des expériences insolites. La mauvaise saison venant, il constitue deux groupes d'étudiants : l'un combattra le rhume avec des médicaments de marque, dits princeps, au prix catalogue, l'autre utilisera des médicaments génériques, vendus à bas prix, qui ont exactement la même composition et la même forme, comprimé, gélule ou sirop. Or, à la fin du semestre, Ariely constate que le rhume est nettement moins fréquent parmi les cobayes ayant payé le prix fort que parmi ceux du groupe « au rabais ».

Ce n'est pas un cas isolé. Une autre étude d'Ariely porte sur le SoBe, une boisson énergisante « pour le corps et pour l'esprit » très prisée sur les campus américains. En soumettant les étudiants à un simple test qui consiste à créer des mots à partir de syllabes présentées dans le désordre, Ariely explore les effets du SoBe sur leurs capacités intellectuelles. Avant de servir la boisson, il leur fait lire la note suivante qu'il avait rédigée lui-même : « Il a été démontré que la consommation de boissons énergisantes, tel le SoBe, entraîne une amélioration du fonctionnement du cerveau. Amélioration qui se traduit par de meilleures performances dans les casse-tête de type anagrammes. » Y figure également l'information, fausse évidemment, que ce constat a été confirmé par une cinquantaine d'études scientifiques. Résultat : les performances des étudiants testés augmentent dans tous les cas, mais le SoBe au prix catalogue a un effet nettement plus marqué que le SoBe au prix discount.

Qu'en est-il alors des calmants et des analgésiques ? Voilà un sujet bien plus grave car on ne plaisante pas avec la douleur. Une centaine de cobayes sont recrutés pour tester un nouvel analgésique de la famille des opioïdes, le Veladone-Rx ; on les informe que, selon les tests cliniques, plus de 92 % des patients traités avec du Veladone constatent une diminution rapide et significative de la douleur. Dans le protocole expérimental, les cobayes, électrodes au poignet, reliées à un impressionnant générateur électrique, subissent une série de décharges, tantôt bénignes, tantôt très douloureuses. Après chacune, ils indiquent la douleur ressentie, depuis « très faible » jusqu'à « extrême ». Ensuite, ils avalent une gélule du Veladone un quart d'heure avant de subir une série identique de décharges... et presque tous constatent une diminution de la douleur. Ils refont l'expérience une troisième fois, après avoir été informés qu'il s'agit d'un médicament générique qui coûte vingt-cinq fois moins cher. Il n'y a alors qu'un cobaye sur deux à moins souffrir ! C'est un véritable miracle, d'autant que le présumé Veladone n'était en fait, dans tous les cas, que de l'innocente vitamine C.

Autrement dit, quand il s'agit de médicaments, on en a pour son argent. Conclusion : ceux qui s'insurgent contre le remboursement des médicaments homéopathiques par la Sécurité Sociale n'ont pas tort, mais pour une raison qu'ils n'auraient jamais envisagée : ces médicaments seraient bien plus efficaces si les malades devaient les payer de leur poche, et cher de préférence.

L'intérêt d'Ariely pour le placebo n'est pas dû au hasard car, bien avant de mener toute expérience de laboratoire, il en avait déjà testé les effets sur sa personne. Dan Ariely est un miraculé. Son existence bascule en 1996 alors qu'il a dix-huit ans à peine, une fusée pyrotechnique explose entre ses mains, le brûlant au troisième degré sur soixante-dix pourcents de la surface de son corps. Il passe trois ans à l'hôpital, immobilisé, recouvert de bandages de la tête aux pieds, à l'écart de la société, coupé de tout contact avec ses proches. C'est alors qu'il se met à observer de l'extérieur, comme le ferait un étranger ou un extraterrestre, les comportements de son entourage et le sien propre. Et ce faisant, il prépare déjà son futur grand plongeon dans l'irrationnel et dans l'économie comportementale.

L'hospitalisation est suivie de cinq années de soins intenses. Au cours de sa première année d'université, il porte encore un scaphandre élastique qui le fait ressembler à un braqueur de banque, voire à un Martien : une sorte de tube flexible le couvre de la tête à la pointe des orteils, avec seulement des trous pour les yeux, la bouche et les oreilles. Il bouge difficilement et ses gestes sont maladroits. Sa douloureuse expérience l'a profondément marqué. Il a le sentiment que les gens associent son handicap physique à une déficience intellectuelle, ce qu'il tient à démentir pour les autres comme pour lui-même. Si, avant l'accident, au lycée, il était un élève médiocre, le voilà qui devient un étudiant assidu et enthousiaste. Et il ne tarde pas à aborder son premier sujet de recherche : la douleur.

En trois années d'hôpital, Ariely a connu de grandes souffrances physiques. Il a subi d'innombrables opérations dont la première, interminable, s'est passée sans anesthésie du fait de l'état catastrophique de son cœur et de ses poumons. La douleur était tellement insupportable qu'il hurlait en implorant qu'on l'achève plutôt que de continuer à lui infliger cette torture. Mais, de tous les soins qu'il a reçus, le plus redoutable a été le bain quotidien dans de l'eau pourpre iodée, après lequel on arrachait d'un coup sec les bandages collés à la chair. Persuadées que moins ça durait, et mieux c'était pour lui, les infirmières, sourdes à ses supplications, n'acceptaient ni de ralentir la cadence ni de lui accorder la moindre pause.

Encore à l'hôpital, il a commencé à tenir un journal où il décrivait les différentes phases de son expérience de grand brûlé et notait les questions qui lui traversaient l'esprit. Comment diminuer la souffrance du patient quand les traitements douloureux sont indispensables ? La douleur qui va en augmentant est-elle plus difficile à supporter que si elle évolue dans le sens contraire ? Les pauses peuvent-elles être bénéfiques ? Dans quels cas et quelle devrait être leur durée ? Et déjà, il a commencé à observer l'effet placebo et à tenter de l'analyser. Car, sitôt qu'il voyait s'approcher une infirmière avec une seringue d'antalgique, son cerveau se mettait à sécréter des endorphines et des opiacés qui bloquaient la souffrance et entraînaient un état d'euphorie, et cela avant même que l'aiguille ait touché sa peau. Et tout devenait plus supportable quand l'infirmière se montrait particulièrement compatissante et attentive.

Personne n'est mieux qualifié que Dan Ariely pour se prononcer sur la douleur et l'effet placebo : il n'a qu'à puiser dans ses souvenirs.

Des promotions faites au hasard pour des entreprises plus performantes

8

Alessandro Pluchino et Andrea Rapisarda sont des physiciens théoriciens, le second ayant dirigé la thèse que le premier, son cadet de dix ans, a soutenue en 2005. Ils ont d'abord travaillé ensemble sur des thèmes plutôt abstraits de la thermodynamique statistique – fractales, chaos, phénomènes irréversibles. Puis, comme nombre de spécialistes de cette discipline, ils se sont rendu compte que les méthodes de calcul sophistiquées et les concepts qu'ils avaient développés pour étudier les processus physiques aléatoires peuvent trouver des prolongements dans bien d'autres domaines, y compris en économie et en sociologie. Déjà, de brillants chercheurs analysent les fluctuations des cours de la Bourse par les méthodes de physique statistique qui leur sont familières, certains d'entre eux créant même de florissants fonds d'investissement. Et on voit des communications en sciences humaines s'inviter aux Journées de physique statistique qui se tiennent tous les ans à Paris au mois de janvier.

ALESSANDRO PLUCHINO, ANDREA RAPISARDA et CESARE GAROFALO « pour avoir démontré mathématiquement que les institutions et les entreprises deviendraient plus performantes si les promotions étaient faites au hasard ».

Rien d'étonnant donc à ce que Pluchino et Rapisarda aient songé eux aussi à explorer des mondes nouveaux. À partir de 2009, Cesare Garofalo, sociologue à leur université de Catane, s'associe à certaines de leurs publications, avec un effet immédiat : le lecteur lambda peut désormais comprendre à peu près la moitié des mots dans les titres de leurs articles. Ainsi, à la mystérieuse « Violation du théorème de la limite centrale dans le modèle de Korimato au bord du chaos » succède la « Simulation multifactorielle de la conduite des piétons dans un environnement fermé », où tout un chacun devine de quoi il s'agit. Et en 2010, le trio présente une approche très originale au principe de Peter.

Sitôt après qu'il a été énoncé en 1969 par Laurence Peter de l'université de Californie du Sud, le principe qui porte son nom a atteint une notoriété universelle. Fréquemment évoqué dans les circonstances les plus variées, il fait désormais partie du langage courant. « Dans une hiérarchie, chacun s'élève jusqu'à son niveau d'incompétence et alors il y reste définitivement », affirme Peter. Comme c'est d'usage en sciences humaines, cette loi s'appuie sur des études de cas décrits avec brio dans le livre que Laurence Peter a rédigé avec le journaliste Raymond Hull.

Au-delà d'une aimable satire, ces considérations ne sont pas dénuées de vraisemblance. Personne n'est fort en tout et un individu parfaitement compétent dans un emploi risque d'être inefficace, voire nuisible, dans un autre. Le plus fin des mécaniciens, confronté à des problèmes d'organisation du travail, pourrait faire un très mauvais contremaître. De même, en devenant directeur d'institut, un chercheur de génie risque de perdre son temps et de nuire au travail des autres. Nous avons tous rencontré dans les administrations des petits chefs insupportables, tatillons, caporalistes ou tout simplement stupides, qui confirment le principe de Peter. À une échelle de conséquences beaucoup plus graves, les faillites de grandes entreprises ne peuvent-elles pas être imputées à des dirigeants qui avaient certainement témoigné de réelles qualités d'intelligence et de caractère au cours de leur carrière, mais qui se sont avérés désespérément incompétents, une fois parvenus au sommet ?

Aussi séduisant soit-il, le principe de Peter ne semble toutefois pas universel puisque les trains n'arrivent pas tous en retard, les entreprises ne sont pas toutes lamentablement gérées, les proviseurs de lycée ne sont pas tous irresponsables et les ministres inefficaces. C'est très heureux, car le principe de Peter, outre qu'il porte un coup dur à l'idée de méritocratie, est affligeant d'un point de vue humaniste. L'épanouissement individuel dans une tâche bien accomplie est un facteur de bonheur qu'un incapable ne connaîtra jamais. Peter rapporte d'ailleurs de savoureux exemples de stratagèmes mis en place par des employés, consciemment ou non, pour éviter d'être promu : arriver en retard, porter des vêtements excentriques, se faire tatouer, apporter sa gamelle alors que tout le monde déjeune au restaurant d'entreprise, refuser de contribuer aux quêtes des cadeaux de départ ou garer sa voiture aux places réservées à la direction. Ou encore ce jardinier à la main verte qui, pour ne pas être promu chef d'équipe, s'applique à mélanger et égarer commandes et factures.

Alors, vrai ou faux le principe de Peter ? Et s'il est vrai, comment faire pour assurer à la fois la promotion sociale et la bonne marche des affaires ? C'est à ces questions cruciales que répondent Alessandro Pluchino, Andrea Rapisarda et Cesare Garofalo dans un article révolutionnaire, publié en 2009 dans le très sérieux journal *Physica A* sous le titre « Le principe de Peter revisité : une étude par calcul numérique ».

Dans ce genre d'études mathématiques appliquées aux sciences humaines, l'idée directrice est de reproduire les stratégies que les populations mettent en œuvre dans des situations diverses. Il ne s'agit pas ici d'entrer dans l'analyse des motivations et des réactions psychologiques individuelles. C'est réellement une approche statistique, tout comme celle qui permet de relier la pression, le volume et la température du gaz parfait sans tenter de décrire le comportement spécifique de chacun des milliards de milliards d'atomes en présence.

La première étape consiste à bâtir un modèle avec quelques hypothèses de départ et des variables aléatoires, c'est-à-dire des grandeurs dont la valeur n'est pas connue d'avance, par exemple le nombre de points sur la face supérieure d'un dé que l'on a jeté. Vient ensuite la simulation numérique : on confie à l'ordinateur la tâche d'explorer toute la gamme des valeurs possibles pour les différentes variables et de moyenner les résultats des calculs sur un très grand nombre de cas.

Afin de trouver la meilleure méthode de promouvoir les personnels, Pluchino et compagnie prennent pour exemple une entreprise qui comprend cent soixante postes de travail. Ils représentent ses niveaux hiérarchiques par une pyramide composée de six segments de longueurs décroissantes, le plus bas pouvant accueillir quatre-vingt-une personnes et le sommet un seul : le patron. Ils disposent d'un réservoir de candidats, chacun caractérisé par deux indices : l'âge et le coefficient de compétences. Ce dernier résume l'ensemble des aptitudes professionnelles de l'agent – conscience au travail, efficacité, persévérance, capacité d'acquérir de nouvelles compétences. On le choisit variant entre un et dix, avec une répartition de probabilité classique en forme de cloche. Pour établir les conditions initiales, on remplit les différents niveaux hiérarchiques en tirant au hasard, pour chaque poste, un « pion » parmi ceux disponibles.

L'étape suivante de la simulation correspond à une année écoulée : les agents qui auront atteint l'âge de la retraite quitteront l'entreprise et seront remplacés par l'un de ceux qui se trouvent à un niveau hiérarchique juste inférieur. De proche en proche, les cases se remplissent. Pour les postes restés vides à l'échelon le plus bas, on procède à de nouveaux recrutements en puisant dans le réservoir. Puis on repart pour une nouvelle année.

Les auteurs testent deux hypothèses quant aux capacités d'un agent promu à un niveau supérieur. La première est celle du bon sens, selon laquelle l'heureux élu garde, face aux nouveaux défis, le coefficient de compétences qu'il avait auparavant. La deuxième simule le principe de Peter en attribuant au promu, dans sa nouvelle fonction, un coefficient de compétences obtenu au hasard d'après la courbe de distribution initiale – ce qui signifie qu'il n'est *a priori* ni plus ni moins qualifié que n'importe quel autre employé de l'entreprise. Allant plus loin encore, les auteurs envisagent pour chacune des hypothèses trois stratégies de promotion : le choix du meilleur agent, le choix au hasard et, le plus audacieux, le choix du plus mauvais.

Pour les deux hypothèses, et pour les trois stratégies de promotion, il s'agit alors de faire travailler l'informatique en simulant les années qui s'écoulent. À chaque étape, on mesure l'efficacité globale de l'entreprise, définie comme la somme des coefficients de compétences de chaque agent, à tous les niveaux de la pyramide. Les résultats numériques ne tardent pas à se stabiliser. Ils réservent quelques surprises. Dans l'hypothèse du bon sens, c'est logiquement la promotion de l'agent le mieux coté qui mène au meilleur résultat, alors que la promotion systématique du pire conduit à la catastrophe. Si en revanche on s'en tient au principe de Peter, c'est le contraire qui se produit : la promotion du meilleur donne les pires résultats, et c'est la promotion du pire qui augmente le plus fortement l'efficacité globale par rapport à la situation de départ...

Aussi étonnant que cela puisse paraître, dans les deux hypothèses, bon sens et principe de Peter, la promotion au hasard améliore à coup sûr les performances de l'entreprise, même si l'effet reste modeste. C'est la conclusion majeure du travail de Pluchino, Rapisarda et Gaforalo : l'entreprise a tout intérêt à tirer au sort les agents à promouvoir.

Au premier abord, cette idée de loterie comme la meilleure méthode de garantir la bonne marche des entreprises paraît choquante, sinon comique. Nous ne devrions pourtant pas nous étonner qu'à la différence du monde matériel, où les lois physiques et mathématiques permettent de calculer les événements présents ou à venir avec une précision extrême, les comportements humains ne se laissent pas si facilement programmer ni deviner : complexes, multifactoriels, ils restent essentiellement imprévisibles, au XXIe siècle comme dans toute l'histoire de l'humanité.

Fort de cette conviction, l'équipe de Catane s'est aventurée sur un nouveau terrain, celui de la vie politique. Ne pourrait-on pas améliorer le fonctionnement d'un parlement en tirant au sort une partie de députés ? Tout en se gardant de malveillance et de dérive populiste, force est de constater que le système des partis aboutit inévitablement à l'émergence d'une oligarchie de politiciens professionnels, coupés du monde des « vraies gens », peu représentatifs en général de la diversité sociale ou culturelle de leurs concitoyens – et parfois plus préoccupés de leur réélection que de l'intérêt général.

Pluchino et ses collaborateurs relèvent donc le défi de conjuguer au mieux les avantages de partis politiques, avec leur discipline qui permet de dégager des majorités et de voter les lois, et l'indépendance d'esprit de citoyens soucieux avant tout du bien public. Ils prennent le cas le plus simple, mais très répandu dans le monde occidental, celui d'une structure politique bipartisane. On peut vraiment apprécier ici la finesse de leur analyse et leur esprit de synthèse, car c'est un problème bien plus difficile à formaliser que la stratégie des promotions en entreprise. Il s'agit de traduire, par un petit nombre de variables et d'ensembles mathématiques, des notions aussi abstraites et complexes que le caractère de différents partis, les conflits entre les intérêts particuliers et le bien public et l'efficacité d'une législature.

Le résultat est spectaculaire : selon les poids respectifs des deux partis, tels qu'ils ressortent d'une élection conventionnelle, une règle d'or fixe mathématiquement le nombre de législateurs qu'il conviendrait de choisir au hasard pour optimiser les décisions du parlement. Plus la dissymétrie du rapport de force des deux partis est importante, plus ce complément citoyen devrait être grand. Un parti devenu trop hégémonique aura besoin d'un fort contrepoids pour éviter que seules soient votées les lois favorables à ses intérêts particuliers. *A posteriori*, voilà qui paraît d'une évidence aveuglante.

Il est fort à parier que c'est dans la sagesse antique que les trois auteurs ont puisé leur inspiration. Dans la démocratie athénienne, on laissait le hasard choisir, parmi les citoyens qui avaient fait acte de candidature, le Conseil des Cinq-Cents qui préparait les lois et qui veillait à leur exécution. Le recrutement par tirage au sort assurait une réelle diversité, puisque les seules conditions d'accès étaient l'honorabilité et l'âge, trente ans au moins, sans aucun critère de distinction sociale ou de fortune. Le Conseil était renouvelé tous les ans : « Un des principes de la démocratie est de commander et d'obéir tour à tour », affirmait Aristote.

Mais il se peut aussi que Pluchino et son équipe aient été inspirés par un exemple spectaculaire récemment venu d'Islande. Après le krach économique de 2008 et l'écroulement du système bancaire islandais, le gouvernement de gauche fraîchement élu a engagé l'Assemblée nationale à rédiger le cahier des charges préparatoire à une nouvelle Constitution. Or, cette assemblée, formée en novembre 2010, avait une étonnante particularité : elle était composée de 950 personnes choisies au hasard dans le registre national parmi les Islandais âgés de dix-huit ans minimum. Elle a formé un Conseil constitutionnel qui a élaboré le projet d'une nouvelle Constitution, approuvé ensuite lors du référendum national. Mais les élections législatives suivantes ont été remportées par les partis d'opposition de centre droit, et la réforme constitutionnelle a été suspendue *sine die*...

En France aussi, on a vu des tentatives allant dans ce sens. Lors de sa campagne présidentielle de 2007, Ségolène Royal a fait de la démocratie participative un des piliers de l'exercice du pouvoir, entre autres pour répondre au désamour qui frappait les élites dirigeantes, accusées de nombrilisme, d'incompétence et, parfois, de corruption. Elle a proposé un ensemble de mesures pour que la parole soit donnée aux milieux populaires, aux employés précaires, aux femmes, aux jeunes et aux immigrés. L'une de ces mesures, la plus audacieuse et la plus décriée par les professionnels de la politique, prévoyait l'instauration de jurys citoyens tirés au sort. Ils seraient chargés de contrôler à intervalle régulier les actions des élus de la nation pour vérifier leur fidélité aux engagements pris. Mais puisque Ségolène Royal n'a pas été élue, cette proposition a fait long feu.

Les Belges ont tenté de reprendre le flambeau : on lisait dans le journal *Le Soir* du 13 septembre 2015, que Laurette Onkelinx, présidente du groupe PS à la Chambre, propose de transformer le sénat en assemblée mixte, comprenant et des politiques élus et des citoyens, tirés au sort dans la population ! Aucun écho depuis lors sur cette louable initiative.

En 2019, Emmanuel Macron a installé, dans un grand tapage médiatique, une Convention citoyenne sur le climat composée de cent cinquante citoyens tirés au sort. Après deux ans de travaux extrêmement sérieux, après s'être inspirés des meilleures expertises, ils ont produit cent quarante-neuf propositions qu'ils jugeaient incontournables. Malgré ses promesses initiales, le président n'en a retenu qu'une poignée parmi les plus anodines. Si ces exemples récents paraissent décourageants, essayons de nous persuader qu'il n'est pas nécessaire de réussir pour persévérer...

Quoi qu'il en soit, la démocratie participative n'est pas morte, elle se porte très bien au contraire mais sous une forme que l'on n'aurait pas pu imaginer ne serait-ce que dix ans plus tôt. Avec l'avènement des réseaux sociaux, les informations, les opinions, les jugements, les idées s'expriment spontanément et s'échangent en toute liberté, prenant parfois une ampleur telle que les politiques ne peuvent plus les ignorer. Revers de la médaille : ces réseaux diffusent en même temps des rumeurs toxiques et, surtout, peuvent devenir des armes redoutables entre les mains des organisations terroristes. Mais cela est une autre histoire.

Mourir plus tard 9 pour payer moins d'impôts

Pourquoi donc Slemrod et Kopczuk se sont-ils intéressés à l'idée incongrue et plutôt éloignée des préoccupations habituelles de la recherche en économie, idée qui stipule que les mourants peuvent éventuellement rester parmi nous plus longtemps s'ils en ont vraiment envie ? Il semblerait que la faute en incombe au *New York Times* informant ses lecteurs, le 15 janvier 2000, que le nombre de décès dans les deux premières semaines de l'année en cours dépasse de 50,8 % celui des deux dernières semaines de l'an 1999, et suggérant que c'est le désir d'assister à la naissance d'un nouveau millénaire qui a motivé certaines personnes pour s'accrocher à la vie. Hypothèse corroborée par d'autres observations de la même veine : il semblerait que la mortalité baisse de manière significative parmi les juifs dans la semaine précédant Pâques, chez les Chinois avant la Fête de la moisson et chez les musulmans à l'approche du Ramadan.

JOEL SLEMROD et WOJCIECH KOPCZUK « pour avoir démontré que les gens sont capables de retarder leur décès si cela permet de diminuer les droits de succession ».

Si des facteurs émotionnels peuvent jouer sur la date du décès, qu'en est-il des facteurs économiques ? se sont aussitôt demandé Slemrod et Kopczuk. Il est bien connu, en particulier, que les considérations fiscales pèsent sur certaines décisions que l'on croirait purement sentimentales. Ce n'est tout de même pas par hasard que l'on observe aux États-Unis un pic de mariages dans les trois premiers mois de l'année, ce qui se traduit en général par un allègement des impôts. Un nombre particulièrement élevé d'enfants naît dans la dernière semaine du mois de décembre, avec le même effet. Et pourquoi s'en étonner ? Chacun est libre de planifier la date de son mariage et même de vouloir déclencher un accouchement légèrement en avance, mais est-il concevable de précipiter ou retarder la date de sa mort dans le seul but de diminuer les droits de succession que paieront les héritiers ? En un mot, la mort est-elle élastique ?

Pour répondre à cette fascinante question, Kopczuk et Slemrod bénéficient d'une extraordinaire base de données : les déclarations fédérales de succession à partir de 1916, année où les droits de succession ont été introduits aux États-Unis. Par la suite, le système fiscal américain a été modifié de manière significative à treize reprises, dont huit augmentations et cinq diminutions. Pour chacune des modifications, Slemrod et Kopczuk ont calculé, cas par cas, l'impôt dû selon l'ancienne et la nouvelle réglementation. En supposant que la différence entre les deux traduit l'incitation fiscale à avancer ou à différer son décès, ils ont entrepris de la corréler au nombre de décès dans une fenêtre de quatorze jours avant et après l'entrée de la réforme en vigueur.

Les deux chercheurs publient leurs résultats dans un long article qui paraît, à première vue, aussi savant qu'indigeste et qui présente tous les caractères de travaux académiques austères et méticuleusement argumentés : précision pointilleuse de la méthodologie, discussion critique des sources et des données de base, interminables tableaux de chiffres à *n* colonnes avec valeurs moyennes, valeurs médianes, notes explicatives, commentaires annexes en bas de page, appendices, références, etc. : rien n'y manque. On y trouve les méthodes familières aux économistes contemporains avec traitement statistique sophistiqué, à grand renfort de paramètre *p*, paramètre *t*, modèle de régression, coefficients Probit, etc.

À la fin des fins, les auteurs concluent qu'il y a effectivement eu, sur l'ensemble des données, une certaine élasticité de la date des décès, avec un effet statistiquement avéré. C'est toutefois un effet bien faible, car l'augmentation du taux de mortalité dans la période favorable ne dépasse jamais 1,6 %.

Peut-on en conclure que tel est le pourcentage de citoyens altruistes au point de s'accrocher à la vie ou de s'éteindre plus tôt pour le bien de leurs héritiers ? Pas tout à fait. Avec autant d'honnêteté que de cynisme, Kopczuk et Slemrod avancent une autre hypothèse, moins romantique mais également plausible : le phénomène qu'ils ont mis en évidence peut tout aussi bien s'expliquer par un truandage des dates de décès par des héritiers peu scrupuleux – et ils se gardent bien de trancher entre les deux !

Un temps, ils espèrent tirer définitivement l'affaire au clair quand le Congrès des États-Unis envisage de bouleverser le système fiscal, en abolissant les droits de succession au cours de l'année 2010 pour les rétablir en 2011 au taux considérable de 55 % : ce serait une occasion en or d'expérimenter leurs conclusions à grande échelle. Mais le congrès change d'avis et nous restons sur notre faim, ne sachant plus comment comprendre les paroles de l'Ecclésiaste : « Il est un temps pour vivre et un temps pour mourir. »

Les neurosciences

Résister à la douleur en regardant une œuvre d'art (10)

Depuis longtemps, Marina De Tommaso fait partie de ces neurologues qui cherchent à faire disparaître la douleur, ou du moins la rendre supportable, par toutes les techniques pharmacologiques et neurochirurgicales disponibles. En 2008, elle abandonna provisoirement les migraineux et autres malades pour aborder un sujet qui allait lui valoir, six ans plus tard, le prix Ig-Nobel : la beauté a-t-elle le pouvoir d'apaiser la douleur ?

LA PLUS BELLE DÉCOUVERTE

MARINA DE TOMMASO, MICHELE SARDARO et PAOLO LIVREA « qui ont mesuré la douleur ressentie par des personnes qui regardent une vilaine peinture, en comparaison avec ceux admirant une belle toile, quand on leur envoie dans la main un puissant rayon laser ».

C'est un sujet délicat qu'il convient d'aborder avec la plus grande rigueur car les canons esthétiques ne sont pas universels. Les stars les plus glamour peuvent paraître désagréablement squelettiques aux amateurs de beautés plantureuses, de petites femmes souriantes plaisent parfois davantage que d'intimidantes déesses de podium à la moue dédaigneuse, qui dépassent d'une tête la majorité des hommes. Des goûts et des couleurs, on ne discute pas. « Demandez à un crapaud ce que c'est que la beauté, le grand, le *to kalon*. Il vous répondra que c'est sa crapaude avec deux gros yeux ronds sortant de sa petite tête, une gueule large et plate, un ventre jaune, un dos brun… » C'est Voltaire qui le dit, dans son *Dictionnaire philosophique*.

Si la définition de la beauté n'est en rien objective, celle de la douleur ne l'est pas non plus. Voilà donc Marina De Tommaso confrontée au mystère des mystères : le fonctionnement de notre cerveau, le centre de commande de notre organisme en même temps que le lieu où naissent nos pensées, nos joies et nos peines. Le premier moyen de l'explorer a été l'électroencéphalogramme, l'EEG, qui appréhende l'activité électrique des neurones du cortex cérébral. Une vingtaine d'électrodes placées sur le crâne recueillent les signaux correspondant à l'activité spontanée du cerveau. Non invasif, simple, peu coûteux, rapide, l'EEG est devenu, dès les années 1950, un examen de routine dans les hôpitaux et les centres médicaux, précieux outil d'investigation de diverses affections du système nerveux central. L'enregistrement de ces signaux révèle une succession d'ondes de fréquences, de formes et d'amplitudes diverses que l'on imprimait dans un premier temps les unes au-dessous des autres sur des bandes de papier millimétré.

Avec des méthodes plus sophistiquées, l'examen ECG est devenu incontournable dans les cas des troubles du sommeil et de la vigilance, de l'hémorragie cérébrale, de certaines encéphalites et de la maladie de Creutzfeldt-Jakob. Il est irremplaçable dans le cas de l'épilepsie, qui modifie l'EEG de manière si spécifique et si spectaculaire qu'il est aisé d'en faire le diagnostic et d'apprécier les effets du traitement. Et pour finir, c'est en devenant plat que le tracé EEG signe notre arrêt de mort.

Dans les années 1990, un nouveau pas a été franchi, et ce fut un pas de géant. Grâce aux extraordinaires progrès de l'électronique et des méthodes du traitement de signal, il est devenu possible d'étudier non seulement l'activité spontanée du cerveau, mais également les *potentiels évoqués*, comme on appelle les réponses cérébrales à des stimuli extérieurs de différentes sortes. Si tout le monde a entendu parler de l'EEG, les potentiels évoqués restent encore confidentiels. Leur amplitude est extrêmement faible, de sorte qu'il faut répéter la stimulation un grand nombre de fois pour qu'il soit possible d'extraire le signal du bruit de fond. C'est un examen très subtil qui a mis du temps à entrer dans la routine des services hospitaliers d'exploration fonctionnelle du système nerveux central.

Selon la nature du stimulus, on parle de potentiels évoqués visuels, auditifs ou somesthésiques (de *soma*, « corps » et *aesthésis*, « sensation », en grec). Les premiers renseignent sur le fonctionnement des voies visuelles et particulièrement du nerf optique. Les deuxièmes permettent de suivre le cheminement de l'information acoustique via l'oreille interne, le nerf auditif, le tronc cérébral jusqu'au cortex ; c'est un examen indiqué en cas de surdité et de troubles d'équilibre. Enfin, les potentiels évoqués somesthésiques représentent la réponse cérébrale à un stimulus cutané et renseignent sur le fonctionnement des voies nerveuses, depuis les nerfs périphériques jusqu'au cortex.

Ce sont ces derniers qui nous intéressent ici. Leur analyse et leur interprétation ont effectué récemment un véritable saut qualitatif, grâce à la mise au point de stimulateurs cutanés laser. Lors d'un examen standard, le stimulus est délivré par un rayon laser au dos de la main. Il active de petites fibres nerveuses sensibles à la douleur et à la chaleur, suscitant une sensation de piqûre d'abord, de brûlure diffuse ensuite. Les potentiels évoqués correspondants, dits potentiels évoqués laser ou PEL, permettent d'aborder enfin toute la complexité des mécanismes neurophysiologiques de la douleur.

Notons que ces examens ne sont toutefois pratiqués que dans les laboratoires disposant d'un équipement extrêmement sophistiqué, en particulier dans les grands centres d'évaluation et de traitement de la douleur qui reçoivent les patients atteints de douleurs sévères invalidantes, liées à une atteinte du système nerveux – nerfs, moelle épinière, cerveau – ce qui, rien qu'en France, concerne cinq millions de personnes dont une grande partie souffre de douleurs chroniques diffuses d'origine inconnue, y compris la migraine. Les PEL servent à cartographier les régions corticales impliquées dans la réaction au stimulus cutané, ils signalent une réaction corticale anormale et permettent de localiser des lésions même minuscules. Lors des essais cliniques, ils aident à apprécier une démarche thérapeutique.

La perception de la douleur est une fonction complexe du cerveau humain. Elle dépend certes de l'intensité du stimulus, mais elle est modulée par des facteurs cognitifs et comprend une composante émotionnelle propre au sujet. Longtemps, les cliniciens ne disposaient que de l'évaluation subjective de la douleur, exprimée par le patient sur une échelle allant de 0 en absence de douleur jusqu'à 100 pour une douleur insupportable. Ce n'est qu'avec l'examen PEL qu'ils ont enfin obtenu une mesure objective. Et cela n'a pas de prix.

Les neurologues étudient la douleur au moyen des PEL depuis une dizaine d'années à peine, c'est donc une recherche jeune, pleine de promesses dont certaines seront sans doute tenues, d'autres pas. Déjà précieux en tant que source supplémentaire de renseignements cliniques, l'examen PEL permet en outre d'explorer les mécanismes subtils du fonctionnement du cerveau. Le stimulus laser est tellement bref et ponctuel, le nombre de signaux recueillis est si grand et les algorithmes de leur traitement si puissants, qu'il est possible de décomposer les PEL en une suite de pics positifs et négatifs, correspondant aux activités cérébrales diverses. Si bien que pour la première fois, les différentes composantes de la douleur ont pu être mesurées et interprétées.

Alors que certains pics des PEL sont proportionnels à l'intensité du stimulus, d'autres témoignent de la perception émotionnelle propre au sujet, qui est susceptible d'être modifiée selon le contexte. Il s'est avéré par exemple que l'amplitude des PEL baisse lorsqu'un événement extérieur vient détourner l'attention et que certains pics diminuent ou augmentent en fonction du contenu affectif de l'image qui défile devant les yeux du sujet : la photo d'un bébé souriant dans les bras de sa maman apaise la douleur, alors que celle d'un monstre déchiquetant sa proie produit un effet contraire. Ce ne sont pas vraiment de grandes découvertes, elles ne font que confirmer notre intuition et notre expérience. Après tout, que faisaient nos parents, en bons thérapeutes, pour nous faire oublier nos petits bobos ? Ils cherchaient à nous distraire en nous montrant des objets aimés ou des images agréables. Ce qui est nouveau en revanche, c'est la possibilité de quantifier ces effets, chez les sujets sains et chez les malades, et d'identifier les régions du cerveau où la modification se produit.

Sachant combien l'expérience esthétique est intime, subjective, combien le jugement esthétique dépend de la culture, du vécu et de la sensibilité personnelle, Marina De Tommaso a pris grand soin de déterminer les goûts individuels des sujets qui participaient à son étude. Ils étaient six femmes et six hommes, âgés de vingt-deux à trente-huit ans. Aucun ne présentait de désordres neurologiques ni psychiatriques. Aucun n'avait d'expérience artistique particulière. Chacun était invité à visionner sur un écran d'ordinateur trois cents tableaux et à leur attribuer des notes allant de 1 (décidément laid) à 10 (extraordinairement beau). Comme on pouvait s'y attendre, les notes différaient fortement d'un sujet à l'autre. Il n'était pas rare que les tableaux jugés beaux par les uns paraissaient sans intérêt et même moches aux yeux des autres.

Marina De Tommaso et ses collaborateurs disposaient ainsi de douze classements strictement personnels de tableaux par ordre de beauté, classements qui n'avaient rien à voir avec ceux des critiques d'art. Ils ont pu ainsi sélectionner, pour chaque sujet, vingt tableaux qui lui paraissaient beaux, vingt laids et vingt neutres. L'expérience consistait à effectuer un examen PEL alors que le sujet contemplait les différents tableaux. Des stimuli laser douloureux, toujours les mêmes, étaient délivrés au dos de la main du sujet par séries de vingt, dans quatre conditions : le sujet regardait, au cours de l'examen, un écran blanc, puis voyait défiler les vingt tableaux qu'il avait qualifiés de laids, vingt qui lui avaient paru beaux, et vingt qui l'avaient laissé indifférent. À la fin de chaque série, il évaluait, de manière subjective évidemment, la douleur ressentie.

Marina De Tommaso n'aurait pas pu rêver résultats plus concluants. La perception de la douleur rapportée par tous les sujets restait sensiblement la même pour les séries « écran blanc », « tableaux laids » et « tableaux neutres ».

En revanche, tous affirmaient qu'en regardant les beaux tableaux, ils ressentaient moins la piqûre laser, ils la trouvaient moins pénible.

L'analyse des PEL enregistrés au cours des différentes séries était en parfait accord avec ces appréciations : elle démontrait que l'amplitude de certaines composantes diminuait nettement pour la série « beaux tableaux », et pour elle seule. Elle apportait ainsi la preuve objective et quantitative que la valeur esthétique des images module la perception de la douleur, et démontrait que les sensations esthétiques sont une fonction cognitive à part.

Ainsi donc, les résultats obtenus par Marina De Tommaso et ses collègues de l'université de Bari s'avèrent-ils moins frivoles que ce que Marc Abrahams cherchait à nous faire croire. On peut dire que la Caisse d'épargne qui a financé l'étude n'a pas gaspillé son argent, car deux conclusions pratiques en découlent. La première est qu'en peignant les murs de belles couleurs et en décorant les chambres de malades et les salles d'attente, les centres de douleur et les hôpitaux pourraient soulager les souffrances des patients. La seconde est que si leurs finances ne le leur permettent pas, ce n'est pas un drame : certes, la beauté diminue la douleur, mais au moins la laideur ne l'augmente-t-elle pas.

Ce fut l'unique incursion de Marina De Tommaso dans le domaine de la neuroesthétique. Elle revint ensuite, comme d'autres avant elle, à ses anciennes amours. Ses travaux postérieurs concernent les PEL dans le cas des douleurs chroniques, de la migraine, des céphalées primaires, de la sclérose en plaques, des effets de lésions cérébrales, des aspects cliniques et neurophysiopathologiques de la chorée de Huntington, cette terrible maladie héréditaire et orpheline qui se traduit par d'importants troubles moteurs et cognitifs.

Tout cela est passionnant, mais retenons surtout cette leçon : le jour où nous aurons mal, ne nous précipitons pas chez le médecin, n'avalons pas de pilules. Allons d'abord au musée, choisissons un tableau à notre goût, peut-être *La Nuit étoilée* de Vincent Van Gogh et *La Naissance de Vénus* de Botticelli, pour la simple raison que la plupart des sujets de l'étude de l'impact de la beauté sur la douleur les ont admirés, alors qu'ils étaient nombreux à classer les œuvres de Pablo Picasso et Fernando Botero parmi les laids. Voilà comment atténuer rage de dents et douleurs de dos, promet Marina De Tommaso, et nous sommes tentés d'y croire. Et tant qu'à faire, faisons confiance aux neurologues : tôt ou tard, ils démontreront scientifiquement que la beauté a également le pouvoir de chasser la tristesse, de faire oublier les soucis d'argent et de consoler des amours malheureuses. C'est sur ce fol espoir que nous terminons ce livre.

Bibliographie

Prélude

Marc Abrahams, *Les Prix Ig-Nobel : La science qui fait rire… et réfléchir*, Éditions Danger Public, 2006.

Boris Groysberg, Micheal Slind, « Marc Abrahams : Annals of an Improbable Entrepreneur », *Harvard Business School Case*, 409-013, septembre 2008.

Chapitre 1

John E. Mack, *Dossier extraterrestres – L'affaire des enlèvements*, Les Presses de la Cité, 1995.

David Jacobs, *La Menace : Ce que les Aliens veulent vraiment et leur plan pour l'obtenir*, Simon & Schuster, 1998.

Chapitre 2

Dolores Krieger, *Le Guide du magnétisme*, J'ai Lu, 2005.

Dolores Krieger, *Guide du toucher thérapeutique : Accepter son pouvoir de guérison*, Vivez Soleil, 1998.

Gina Kolata, « A Child's Paper Poses a Medical Challenge », *New York Times*, 1er avril 1998.

Chapitre 3

Deepak Chopra, *Le Corps quantique*, J'ai Lu, 1989.

Chapitre 4

Jacques Benveniste, *Ma vérité sur la mémoire de l'eau*, Albin Michel, 2005.

Francis Beauvais, *L'Âme des molécules – Une histoire de la mémoire de l'eau,* Lulu Press, Mille Mondes, 2007 (www.millemondes.fr/texte.htm)

Chapitre 5

Basile Audoly et Sebastien Neukirch, « Fragmentation of Rods by Cascading Cracks : Why Spaghetti Does Not Break in Half », *Physical Review Letters*, vol. 95, n° 9, 26 août 2005, pp. 05505-1 to 95505-1

www.improbable.com/2014/12/27/a-super-super-slo-mo-video-look-at-the-snapping-of-a-spaghetti-strand/

Chapitre 6

M.V. Berry, A.K. Geim, « Of flying frogs and levitrons », *European Journal of Physics*, 1997, 18 (4), p. 307.

www.ru.nl/hfml/research/levitation/diamagnetic/

K.S. Novoselov, A.K. Geim *et al.*, « Electric Field Effect in Atomically Thin Carbon Films », *Science*, n° 287, 622 (2000), 2007.

Chapitre 7

Daniel Kahneman, *Système 1/Système 2 : Les deux vitesses de la pensée*, Flammarion, coll. « Champs », 2016.

Dan Ariely, *C'est (vraiment ?) moi qui décide*, Flammarion, coll. « Champs », 2012.

Chapitre 8

Laurence Peter et Raymond Hull, *Le Principe de Peter*, Le Livre de Poche, 2011.

Alessandro Pluchino, Andrea Rapisarda et Cesare Garofalo, « The Peter Principle Revisited : A Computational Study », *Physica A,* vol. 389, n° 3, février 2010, p. 467-472.

Alessandro Pluchino, Cesare Garolafo, Andrea Rapisarda, Salvatore Spagano et Maurizio Cazerta, « How randomly selected legislators can improve a Parliament efficiency », *Physica A*, vol. 390, 2011, p. 3944-3954.

Chapitre 9

Wojciech Kopczuk et Joel Slemrod, « Dying to Save Taxes : Evidence from Estate Tax Returns on the Death Elasticity », *The Review of Economics and Statistics,* mai 2003, 85 (2), p. 256-265.

Chapitre 10

Marina De Tommaso, Michele Sardaro, et Paolo Livrea, « Aesthetic value of paintings affects pain thresholds », *Consciousness and Cognition*, vol. 17, n° 4, 2008, p. 1152-1162.

Semir Zeki, « Neural concepts formation and art : Dante, Michelangelo, Wagner », *Journal of Consciousness Studies*, 9, n° 3, 2002, p. 53-76.

Achevé d'imprimer en Italie par Grafica Veneta
en août 2022
Dépôt légal septembre 2022
EAN 9782290375051
OTP L21ELLN001153-440328

—

Composition : PCA

—

ÉDITIONS J'AI LU
82, rue Saint-Lazare, 75009 Paris
Diffusion France et étranger : Flammarion

Librio
1329